QINHEFENGYUN　QINHELAOZHAIYUAN

沁河风韵系列丛书　　　主编|行　龙

沁河老宅院

苏泽龙|著

山西出版传媒集团　山西人民出版社

图书在版编目（CIP）数据

沁河老宅院/苏泽龙著. —太原：山西人民出版
社，2016.7
　（沁河风韵系列丛书/行龙主编）
　ISBN 978-7-203-09584-2

　Ⅰ.①沁…　Ⅱ.①苏…　Ⅲ.①住宅–古建筑–建筑艺
术–山西省　Ⅳ.①TU–092.2

中国版本图书馆CIP数据核字（2016）第123576号

沁河老宅院

丛书主编：行　龙
著　　者：苏泽龙
责任编辑：冯灵芝
助理编辑：贾登红
装帧设计：子墨书坊

出 版 者：山西出版传媒集团·山西人民出版社
地　　址：太原市建设南路21号
邮　　编：030012
发行营销：0351-4922220　4955996　4956039　4922127（传真）
天猫官网：http://sxrmcbs.tmall.com　电话：0351-4922159
E－mail：sxskcb@163.com　发行部
　　　　　sxskcb@126.com　总编室
网　　址：www.sxskcb.com

经 销 者：山西出版传媒集团·山西人民出版社
承 印 者：山西臣功印刷包装有限公司

开　　本：720mm×1010mm　　1/16
印　　张：12.5
字　　数：205千字
印　　数：1–1600册
版　　次：2016年7月　第1版
印　　次：2016年7月　第1次印刷
书　　号：ISBN 978-7-203-09584-2
定　　价：45.00元

风韵是那前代流传至今的风尚和韵致。

沁河是山西的一条母亲河。

沁河流域有其特有的风尚和韵致，

那悠久而深厚的历史文化传统至今依然风韵犹存。

这里是中华传统文明的孵化地，

这里是草原文化与中原文化交流的过渡带，

这里有闻名于世的北方城堡，

这里有相当丰厚的煤铁资源，

这里有山水环绕的地理环境，

这里更有那独特而深厚的历史文化风貌。

由此，我们组成"沁河风韵"学术工作坊，

由此，我们从校园和图书馆走向田野与社会，

走向风光无限、风韵犹存的沁河流域。

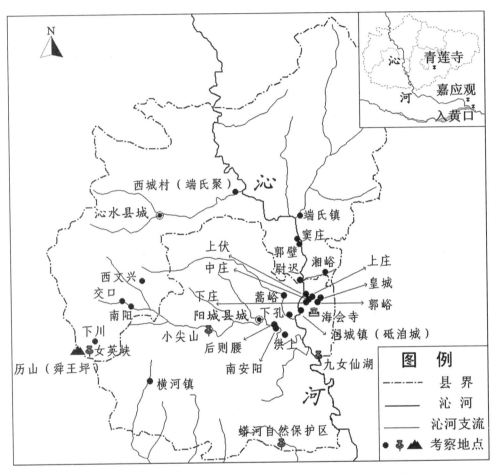

N

青莲寺

沁

河

嘉应观

入黄口

西城村（端氏聚）

沁

沁水县城

端氏镇

窦庄

上伏

郭壁

湘峪

上庄

中庄

尉迟

皇城

西文兴

下庄

蒿峪

郭峪

交口

阳城县城

下孔

海会寺

南阳

小尖山

泘城镇（砥洎城）

下川

后则腰

洪上

女英峡

南安阳

九女仙湖

历山（舜王坪）

横河镇

河

蟒河自然保护区

图　例

────· 县　界

──── 沁　河

──── 沁河支流

●🚩▲ 考察地点

"沁河风韵学术工作坊"集体考察地点一览图（山西大学中国社会史研究中心　李嘎绘制）

三晋文化传承与保护协同创新中心

沁河風韵 学术工作坊

一个多学科融合的平台
一个众教授聚首的场域

第一场

鸣锣开张：

走向沁河流域

主讲人：行龙

中国社会史研究中心 教授

时间：2014 年 6 月 20 日晚 7：30
地点：山西大学中国社会史研究中心（笃知楼）

"沁河风韵学术工作坊"海报

田野考察

会议讨论

总　序

行　龙

　　"沁河风韵"系列丛书就要付梓了。我作为这套丛书的作者之一，同时作为这个团队的一分子，乐意受诸位作者之托写下一点感想，权且充序，既就教于作者诸位，也就教于读者大众。

　　"沁河风韵"是一套31本的系列丛书，又是一个学术团队的集体成果。31本著作，一律聚焦沁河流域，涉及历史、文化、政治、经济、生态、旅游、城镇、教育、灾害、民俗、考古、方言、艺术、体育等多方面，林林总总，蔚为大观。可以说，这是迄今有关沁河流域学术研究最具规模的成果展现，也是一次集中多学科专家学者比肩而事、"协同创新"的具体实践。

　　说到"协同创新"，是要费一点笔墨的。带有学究式的"协同创新"概念大意是这样：协同创新是创新资源和要素的有效汇聚，通过突破创新主体间的壁垒，充分释放彼此间人才、信息、技术等创新活力而实现深度合作。用我的话来说，就是大家集中精力干一件事情。教育部2011年《高等学校创新能力提升计划》（简称"2011计划"）提出，要探索适应于不同需求的协同创新模式，营造有利于协同创新的环境和氛围。具体做法上又提出"四个面向"：面向科学前沿、面向文化传承、面向行业产业、面向区域发展。

　　在这样一个背景之下，2014年春天，山西大学成立了"八大协同创新中心"，其中一个是由我主持的"三晋文化传承与保护协同创新中心"。在2013年11月山西大学与晋城市人民政府签署战略合作协议的基础上，在征求校内外多位专家学者意见的基础上，我们提出了集中校内外多学科同人对沁河流域进行集体考察研究的计划，"沁河风韵学术工作坊"由此诞生。

风韵是那前代流传至今的风尚和韵致。词有流风余韵，风韵犹存。

沁河是山西境内仅次于汾河的第二条大河，也是山西的一条母亲河。沁河流域有其特有的风尚和韵致：这里是中华传统文明的孵化器；这里是草原文化与中原文化交流的过渡带；这里有闻名于世的"北方城堡"；这里有相当丰厚的煤铁资源；这里有山水环绕的地理环境；这里更有那独特而丰厚的历史文化风貌。

横穿山西中部盆地的汾河流域以晋商大院那样的符号已为世人所熟识，太行山间的沁河流域却似乎是"养在深闺人不识"。与时俱进，与日俱新，沁河流域在滚滚前行的社会大潮中也在波涛翻涌。由此，我们注目沁河流域，我们走向沁河流域。

以"学术工作坊"的形式对沁河流域进行考察和研究，是由我自以为是、擅作主张提出来的。2014年6月20日，一个周五的晚上，我在中国社会史研究中心学术报告厅作了题为"鸣锣开张：走向沁河流域"的报告。在事先张贴的海报上，我特意提醒在左上角印上两行小字"一个多学科融合的平台，一个众教授聚首的场域"，其实就是工作坊的运行模式。

"工作坊"（workshop）是一个来自西方的概念，用中国话来讲就是我们传统上的"手工业作坊"。一个多人参与的场域和过程，大家在这个场域和过程中互相对话沟通，共同思考，调查分析，也就是众人的集体研究。工作坊最可借鉴的是三个依次递进的操作模式：首先是共同分享基本资料。通过这样一个分享，大家有了共同的话题和话语可供讨论，进而凝聚共识；其次是小组提案设计。就是分专题进行讨论，参与者和专业工作者互相交流意见；最后是全体表达意见。就是大家一起讨论即将发表的成果，将个体和小组的意见提交到更大的平台上进行交流。在6月20日的报告中，"学术工作坊"的操作模式得到与会诸位学者的首肯，同时我简单介绍了为什么是"沁河流域",为什么是沁河流域中游沁水—阳城段,沁水—阳城段有什么特征等问题,既是一个"抛砖引玉",又是一个"鸣锣开张"。

在集体走进沁河流域之前,我们特别强调做足案头工作,就是希望大家首先从文献中了解和认识沁河流域,结合自己的专业特长初步确定选题,以便在下一步的田野工作中尽量做到有的放矢。为此,我们专门请校图书馆的同志将馆藏有关沁河流域的文献集中在一个小区域,意在大家"共同分享基本资料",诸位开始埋头找文献、读资料,校图书馆和各院系及研究所的资料室里,出现了工作坊同人伏案苦读和沉思的身影。我们还特意邀请对沁河流域素有研究的资深专家、文学院沁水籍教授田同旭作了题为"沁水古村落漫谈"的学术报告;邀请中国社会史研究中心阳城籍教授张俊峰作了题为"阳城古村落历史文化刍议"的报告。经过这样一个40天左右"兵马未动,粮草先行"的过程,诸位都有了一种"才下眉头,又上心头"的感觉。

2014年7月29日,正值学校放暑假的时机,也是酷暑已经来临的时节,山西大学"沁河风韵学术工作坊"一行30多人开赴晋城市,下午在参加晋城市主持的简短的学术考察活动启动仪式后,又马不停蹄地赶赴沁水县,开始了为期10余天的集体田野考察活动。

"赤日炎炎似火烧,野田禾稻半枯焦。"虽是酷暑难耐的伏天,但"沁河风韵学术工作坊"的同人还是带着如火的热情走进了沁河流域。脑子里装满了沁河流域的有关信息,迈着大步行走在风光无限的沁河流域,图书馆文献中的文字被田野考察的实情实景顿时激活,大家普遍感到这次集体田野考察的重要和必要。从沁河流域的"北方城堡"窦庄、郭壁、湘峪、皇城、郭峪、砥洎城,到富有沁河流域区域特色的普通村庄下川、南阳、尉迟、三庄、下孔、洪上、后则腰;从沁水县城、阳城县城、古侯国国都端氏城,到山水秀丽的历山风景区、人才辈出的海会寺、香火缭绕的小尖山、气势壮阔的沁河入黄处;从舜帝庙、成汤庙、关帝庙、真武庙、河神庙，到土窑洞、石屋、四合院、十三院；从植桑、养蚕、缫丝、抄纸、制铁，到习俗、传说、方言、生态、旅游、壁画、建筑、武备；沁河流域的城镇乡村，桩桩件件，几乎都成为工作坊的同人们入眼入心、切磋讨论的对象。大家忘记了炎热，忘记了疲劳，忘记了口渴，忘记了腿酸，看到的只是沁河流域的历史与现实，想到的只是沁河流域的文献与田野。我真的被大家的工作热情所感染，60多岁的张明远、上官铁梁教授一点不让年轻人，他们一天也没有掉队；沁水县沁河文化研究会的王扎根老先生，不顾年老腿疾，一路为大家讲解，一次也没有落下；女同志们各个被伏天的热火烤脱了一层皮；年轻一点的小伙子们则争着帮同伴拎东西；摄影师麻林森和戴师傅在每次考察结束时总会"姗姗来迟"，因为他们不仅有拍不完的实景，还要拖着重重的器材！多少同人吃上"藿香正气胶囊"也难逃中暑，我也不幸"中招"，最严重的是8月5日晚宿横河镇，次日起床后竟然嗓子痛得说不出话来。

何止是"日出而作，日入而息"，不停地奔走，不停地转换驻地，夜间大家仍然在进行着小组讨论和交流，似乎是生怕白天的考察收获被炎热的夏夜掠走。8月6日、7日两个晚上，从7点30分到10点多，我们又集中进行了两次带有田野考察总结性质的学术讨论会。

8月8日，满载着田野考察的收获和喜悦，"沁河风韵学术工作坊"的同人们一起回到山西大学。

10余天的田野考察既是一次集中的亲身体验，又是小组交流和"小组提案设计"的过程。为了及时推进工作进度，在山西大学新学期到来之际，8月24日，我们召开了"沁河风韵学术工作坊"选题讨论会，各位同人从不同角度对各选题进行了讨论交流，深化了对相关问题的认识，细化了具体的研究计划。我在讨论会上还就丛书的成书体例和整体风格谈了自己的想法，诸位心领神会，更加心中有数。

与此同时，相关的学术报告和分散的田野工作仍在持续进行着。为了弥补集体考察时因天气原因未能到达沁河源头的缺憾，长期关注沁河上游生态环境的上官铁梁教授及其小组专门为大家作了一场题为"沁河源头话沧桑"的学术报告。自8月27日到9月18日，我们又特意邀请三位曾被聘任为山西大学特聘教授的地方专家就沁河流域的历史文化作报告：阳城县地方志办公室主任王家胜讲"沁河流域阳城段的文化密码"；沁水县沁河文化研究会副会长王扎根讲"沁河文化研究会对沁水古村落的调查研究"；晋城市文联副主席谢红俭讲"沁河古堡和沁河文化探讨"。三位地方专家对沁河流域历史文化作了如数家珍般的讲解，他们对生于斯、长于斯、情系于斯的沁河流域的心灵体认，进一步拓宽了各选题的研究视野，同时也加深了相互之间的学术交流。

这个阶段的田野工作仍然在持续进行着，只不过由集体的考察转换为小组的或个人的考察。上官铁梁先生带领其团队先后七次对沁河流域的生态环境进行了系统考察；美术学院张明远教授带领其小组两赴沁河流域，对十座以上的庙宇壁画进行了细致考察；体育学院李金龙教授两次带领其小组到晋城市体育局、武术协会、老年体协、门球协会等单位和古城堡实地走访；政治与公共管理学院董江爱教授带领其小组到郭峪和皇城进行深度访谈；文学院卫才华教授三次带领多位学生赶去参加"太行书会"曲艺邀请赛，观看演出，实地采访鼓书艺人；历史文化学院周亚博士两次到晋城市图书馆、档案馆、博物馆搜集有关蚕桑业的资料；考古专业的年轻博士刘辉带领学生走进后则腰、东关村、韩洪村等瓷窑遗址；中国社会史研究中心人类学博士郭永平三次实地考察沁河流域民间信仰；文学院民俗学博士郭俊红三次实地考察成汤信仰；文学院方言研究教授史秀菊第一次带领学生前往沁河流域，即进行了20天的方言调查，第二次干脆将端氏镇76岁的王小能请到山西大学，进行了连续10天的语音词汇核实和民间文化语料的采集；直到2015年的11月份，摄影师麻林森还在沁河流域进行着实地实景的拍摄，如此等等，循环往复，从沁河流域到山西大学，从田野考察到文献理解，工作坊的同人们各自辛勤劳作，乐在其中。正所谓"知之者不如好之者，好之者不如乐之者"。

2015年5月初，山西人民出版社的同志开始参与"沁河风韵系列丛书"的有关讨论会，工作坊陆续邀请有关作者报告自己的写作进度，一面进行着有关书稿的学术讨论，一面逐渐完善丛书的结构和体例，完成了工作坊第三阶段"全体表达意见"的规定程序。

"沁河风韵学术工作坊"是一个集多学科专家学者于一体的学术研究团队，也是一个多学科交流融合的学术平台。按照山西大学现有的学院与研究所（中心）计，成员遍布文学院、历史文化学院、政治与公共管理学院、教育学院、体育学院、美术学院、环境与资源学院、中国社会史研究中心、城乡发展研究院、体育研究所、方言研究所等十几个单位。按照学科来计，包括文学、史学、政治、管理、教育、体育、美术、生态、旅游、民俗、方言、摄影、考古等十多个学科。有同人如此议论说，这可能是山西大学有史以来最大规模的、真正的一次学科交流与融合，应当在山西大学的校史上写上一笔。以我对山大校史的有限研究而言，这话并未言过其实。值得提到的是，工作坊同人之间的互相交流，不仅使大家取长补短，而且使青年学者的学术水平得以提升，他们就"沁河风韵"发表了重要的研究成果，甚至以此申请到国家社科基金的项目。

"沁河风韵学术工作坊"是一次文献研究与田野考察相结合的学术实践，是图书馆和校园里的知识分子走向田野与社会的一次身心体验，也可以说是我们服务社会，服务民众，脚踏实地，乐此不疲的亲尝亲试。粗略统计，自2014年7月29日"集体考察"以来，工作坊集体或分课题组对沁河流域170多个田野点进行了考察，累计有2000余人次参加了田野考察。

沁河流域那特有的风尚和韵致，那悠久而深厚的历史文化传统吸引着我们。奔腾向前的社会洪流，如火如荼的现实生活在召唤着我们。中华民族绵长的文化根基并不在我们蜗居的城市，而在那广阔无垠的城镇乡村。知识分子首先应该是文化先觉的认识者和实践者，知识的种子和花朵只有回落大地才有可能生根发芽，绚丽多彩。这就是"沁河风韵学术工作坊"同人们的一个共识，也是我们经此实践发出的心灵呼声。

"沁河风韵系列丛书"是集体合作的成果。虽然各书具体署名，"文责自负"，也难说都能达到最初设计的"兼具学术性与通俗性"的写作要求，但有一点是共同的，那就是每位作者都为此付出了艰辛的劳作，每一本书的成稿都得到了诸多方面的帮助：晋城市人民政府、沁水县人民政府、阳城县人民政府给予本次合作高度重视；我们特意聘请的六位地方专家田澍中、谢红俭、王扎根、王家胜、姚剑、乔欣，特别是王扎根和王家胜同志在田野考察和资料搜集方面提供了不厌其烦的帮助；田澍中、谢红俭、王家胜三位专家的三本著述，为本丛书增色不少；难以数计的提供口述、接受采访、填写问卷，甚至嘘寒问暖的沁河流域的单位和普通民众付出的辛劳；田同旭教授的学术指导；张俊峰、吴斗庆同志组织协调的辛勤工作；成书过程中参考引用的各位著述作者的基本工作；山西人民出版社对本丛书出版工作的大力支持，都是我们深以为谢的。

目　录

一、官宅与大院探源：明清时期沁河流域的官与商…………　1

　1. 官源 ……………………………………………………　2

　2. 官与官宅 ……………………………………………　12

　3. 官宅与堡寨 …………………………………………　17

　4. 商源 ……………………………………………………　26

　5. 商人与大院 …………………………………………　34

二、庭院深深：官之宅、商之居 …………………………　41

　1. 传统文化与官宅 …………………………………　42

　2. 老宅院中的入世与出世 …………………………　67

　3. "立业之本"与商居 ………………………………　74

　4. 亦官亦商老宅院 …………………………………　80

　5. 大院的故事 ………………………………………　88

三、耕读传家:老宅院的生产、生活与风俗民情 …………　95

　1. 农耕与织造传统 …………………………………　96

　2. 老宅院中的雕饰与生活 …………………………　110

　3. 风俗民情 …………………………………………　123

　4. 移风易俗 …………………………………………　135

CONTENTS

四、世态与家境：宅院之觞 ……………………………… 143

　1. 官员世家衰落 ……………………………… 144

　2. 工商业衰落 ……………………………… 155

　3. 自然灾害、人为因素等对老宅院的破坏 ………… 160

五、余思：记住乡愁 ……………………………… 169

参考文献 ……………………………… 175

后　记 ……………………………… 180

一、官宅与大院探源：
明清时期沁河流域的官与商

1. 官源

沁河春秋时名少水，自西汉开始称沁水，其发源于山西省沁源县西北太岳山东麓的二郎神沟。据《沁河志》记载，"活风村东北沟中石崖下一穴，出水湍急"，据考证为沁河源头。河流在太岳山崇山峻岭间蜿蜒南下，穿越临汾市安泽县、沁水县、阳城县、晋城市郊区，自山西省阳城县的拴驴泉流入河南省，于武陟南流入黄河。《明史·地理志》记载："（沁源）北方有绵山，沁水出焉，下流至河南修武大河，行九百七十余里。"沁河中游一带风光绚丽，清代名人洪世俭曾写下《沁河》一诗描绘沁河两岸景色：

> 东风生春色，流光入河水。
> 我行荦确问，爱此林壑美。
> 青山破雾排，绿杨掠波起。
> 东西野人居，历历无远迩。
> 欲比桃花源，鸡犬长孙子。
> ……
> 望望樯山门，河西白云里。

在山西省境内，沁河到达沁水县端氏镇以后，地势逐渐平缓，形成了大片的河谷丘陵。加之这一带气候温暖，水源充裕，所以在沁水、阳城、泽州、高平四县市衔接的沁河流域，形成历史上一块丰腴的土地，这一方水土养育了沁河百姓，并形成了独具魅力的区域文化。这里有星罗棋布的名胜古迹，有淳朴厚重的乡风民俗，有绚丽多彩的民间艺术，有英才辈出的先哲前贤。受传统文化的影响，其中最为耀眼的便是闻名于世的科举世家，宋代黄廉在《古诗》中这样描述沁河区域文化的特点：

> 河东人物气劲豪，泽州学者如牛毛。

大家子弟弄文墨，其次亦复跨弓刀。

去年校射九百人，五十八人同赐袍。

今年两科取进士，落钓连引十三鳌。

迩来习俗益趋善，家家门户争相高。

驱儿市上买书读，宁使田间禾不薅。

我因行县饱闻见，访问终日忘勤劳。

太平父老知此否，语汝圣世今难遭。

欲令王民尽知教，先自乡里烝群髦。

古云将相本无种，从今着意鞭儿曹。

　　这首诗描述了沁河流域宋金时期嗜学如风、学者辈出的社会情形，同时也体现了在中国古代科举制度影响下沁河整体的文化特征。科举制把育士与选士的途径紧密地结合在一起，客观上刺激了当地教育的发展，形成了沁河流域千百年来"五尺童子，耻不言文墨"、"学而优则仕"的社会风气。科举题名是个人与家族的荣耀，同时也有良好的示范作用，因此，

冬日沁河[1]

---

[1]　本书所采用照片除注明引用外，均为著者所拍摄。

沁河流域形成了科考世家辈出的局面。在沁河沿河两岸村庄，如沁水县樊庄、坪上、端氏、窦庄、曲堤、郭壁、湘峪、尉迟，以及阳城县的润城、皇城及流域内泽州县、高平市等地的村庄，在明清两代科甲连绵，高官家族接踵而出。

沁水县端氏镇西面有一座笔峰山，山下有个西樊庄，也许是吸纳了笔峰山的仙气和沁河水的灵秀，沁水第一才子常伦便出生在这里。常伦（1492—1525）系樊庄村仕宦之后，祖父常轼是明代成化七年（1471）进士，曾经受命担任马营仓大使，历任陕西道监察御史，官至河南金事。常伦的父亲常赐是明弘治六年（1493）进士，任监察御史等，官至陕西按察司副

窦庄阁楼

使。常伦，字明卿，号楼居子，自幼受到良好的文学熏陶，五岁时就语出惊人，十五岁时写出著名的诗歌《笔山赋》，当时有人把《笔山赋》同唐代杜牧的《阿房宫赋》相提并论。明正德五年（1510）常伦乡试得亚元，次年，举进士，授大理寺右评事。[1]

与端氏镇隔河相望的是一个以窦氏家族为主的古堡式村落。窦庄古村落建成于明崇祯二年（1629），村落建筑包括民宅、阁楼、祠堂、书房、

---

[1] 《沁水县志》编纂办公室：《沁水县志》，山西人民出版社1987年版，第511页。

牌坊、店铺等，是明清时期北方民居建筑的典型代表作。据《窦氏家谱》记载，北宋天圣六年（1028），窦氏家族由陕西扶风徙居于此。宋元祐八年（1093），窦氏家族在先茔东侧择地兴建窦氏宅院，窦氏家族自宋代至清光绪九百年间科甲连绵，有九十人科举为官，世代兴旺。窦庄村中另一张氏自明代以来家族官运亨通，其中以张五典及其子张铨尤为显赫。张五典为明代万历二十年（1592）进士，官升兵部尚书，封赠太子、太保。其长子张铨是明万历三十二年（1604）进士，是一位忧国忧民的爱国将领，在辽东战场上引颈自刭，御赠大理卿、兵部尚书，谥忠烈。张氏自元末迁居沁水窦庄以来，至清光绪年间的五百多年有四十七人通过科举或荫袭成为当朝高官。

沁河流域现阳城县境内"家学渊源，弦歌不绝"的"读书世家"更多。从宋到清，阳城十三个家族就有进士八十余人。明清两代"官侍郎、巡抚、翰林、台省、监司、守令者，尝不绝于时"。清同治《阳城县志》称："阳城地虽褊小，亦旧为人文渊薮。"以境内郭峪村为例，自明代中叶至清初的一百多年间，这个小村出过十五名进士、十八名举人，冠有"金谷十里长，才子出郭峪"的美称。据郭峪村康熙四十八年（1709）蔡霶雨撰《郭峪镇仕宦题石记》记：

> 吾乡自宋元以来，达显无闻，起明成化以迄于今，人文累累，甲第连连。其间乔梓踵荣，花萼辉映，或建牙开府，或畿甸定安；或卿二秋曹，而洗怨泽物；或出入承明，而勋留丹史；或台垣司谏，而山岳震摇；或折冲外台，而宪邦著绩。至说岩公，登庸三事，典载化机，开冀南四百余年未有之会，而文德嘉谟，直绍伊吕。

"一门三进士，祖孙兄弟齐科甲"，就是指明代末年郭峪村张好古、张鹏云家族。张好古，字东峰，明嘉靖二年（1523）进士，授元城知县，因上书皇族弟子依势擅作威福，请绳之以法，被贬为灵台典史。后复职江苏盐城知县，迁刑部主事，奏请豁免阳城超额均徭，转任四川佥事。[1]张鹏云，字汉冲，明万历四十四年（1616）进士，官任商丘知县、四川参议，后被罢官。崇祯初年起任礼刑两科给事中，迁太常寺卿，晋右佥都御史，巡抚顺天，擢都察院右都御史，引疾归。[2]

"郭峪三庄上下伏，举人秀才两千五。"其中最著名的当属陈廷敬这样的科举世家和官宦人家。陈廷敬（1639—1712），字子端，号说岩，晚号午亭，清代泽州午亭山村（现山西晋城市阳城县）人，顺治十五年（1658）进士，初名敬，因同科考取有同名者，故由朝廷给他加上"廷"字，改为廷敬。历任经筵讲官、工部尚书、户部尚书、文渊阁大学士、刑部尚书、吏部尚书，《康熙字典》总修官等职。陈廷敬擅长吟诗作文，有五十卷《午亭文编》收入《四库全书》，其中诗歌二十卷。乾隆帝曾称赞陈家是"德积一门九进士，恩荣三世六翰林"。以下是陈廷敬家族从明代嘉靖至雍正、万历至乾隆年间进士举人官职表。

陈廷敬家族进士官职表[3]

姓名	朝代	年号	科别	最高官职	备注
陈天祐	明	嘉靖	甲辰（1544）	陕西按察司副使	陈廷敬旁六世祖
陈昌言	明	崇祯	甲戌（1634）	提督江南学政	陈廷敬伯父
陈廷敬	清	顺治	戊戌（1658）	文渊阁大学士兼吏部尚书	陈昌期长子
陈元	清	顺治	己亥（1659）	翰林院庶吉士	陈昌言子
陈豫朋	清	康熙	甲戌（1694）	湖广学政先入翰林院	陈廷敬次子

---

[1] 王欣欣编著：《山西历代进士题名录》，山西教育出版社2005年版，第153页。

[2] 见康熙《山西通志》卷二十"人物"。

[3] http://baike.baidu.com/，引用日期：2015年9月12日。

姓名	朝代	年号	科别	最高官职	备注
陈壮履	清	康熙	丁丑（1697）	内阁供奉 先入翰林院	陈廷敬第三子
陈观颙	清	康熙	丙戌（1706）	直隶浚县知县	陈廷统子
陈随贞	清	康熙	己丑（1709）	翰林院庶吉士	陈廷弼子
陈师俭	清	雍正	丁未（1727）	广西泗城府同 知先入翰林院	陈豫朋长子
陈所知	明	万历	乙酉（1585）	虞城知县	陈天祐曾孙
陈廷翰	清	康熙	甲子（1684）	拣选知县	陈廷敬弟
陈贲懿	清	康熙	辛卯（1711）	杞县知县	陈廷愫子
陈寿岳	清	康熙	辛卯（1711）	四川通江知县	陈谦吉次子
陈恂	清	康熙	庚子（1720）	侍读学士	陈廷敬旁系孙
陈式玉	清	雍正	甲午（1726）	浙江盐大使	陈随贞子
陈寿华	清	雍正	乙酉（1726）	贵州清平知县	陈谦吉第四子
陈传始	清	雍正	壬子（1732）	福建盐大使	陈壮履子
陈名俭	清	乾隆	甲子（1744）	山东荣成知县	陈豫朋次子
陈崇俭	清	乾隆	甲子（1744）	拣选知县	陈豫朋第三子

距阳城县城东北十公里处，是泽州古今闻名的冶炼铸造之乡——蒿峪村。史料记载，蒿峪村"设炉熔造，冶人甚众，又铸为器者，外贩不断"。冶铁业不但使蒿峪人生活富足，而且还兴办私塾、学堂，鼓励读书求学。如明末时期岩底村的马家、后头炉上村的郑家等许多富户，他们遵循"家有黄金万两，不如有个读书郎"的古训，聘用有才学的先生来教育自己的子弟。明清两代，蒿峪村里曾出过贡生、监生等六十多人，在这众多的人物中当数明代镇守三关的挂印总兵马芳最为著名。

马芳（1517—1581），字德馨，号兰溪，自幼学文习武，胸怀大志，胆略超群。嘉靖庚子年（1540）开始军旅生涯，战功显赫。《明史》记载，"芳起行伍，十余年为大帅"，"大小百十接，身被数十创"，"威震边陲，为一时将帅冠"……他一生曾得到九次升迁，最后官至蓟州、宣府、大同三关的挂印总兵。明万历九年（1581），在抗击外敌入侵的战斗中，因操劳过度患病而亡。他逝世后，朝廷以其功高九陛、勋至九重、威震九塞之荣，赠其父马文通、祖父马刚、曾祖父马山为光禄大夫，追封其母赵氏、祖母潘氏、曾祖母郝氏为一品诰命夫人，并下旨在蒿峪村为马芳大将军修建"总兵府第"，以昭其功，荣耀乡里。马芳后代秉承祖业，大有作为，其子孙分别任宁武、辽东挂印总兵及嘉峪关总兵等职务。[1]

沁河流域的泽州古为泽州府，府境山谷高深，道路险窄，沁河的主要支流长河、白水河、犁川河、龙湾河、范河等分布于此。泽州裴氏祖先自河东迁至沁河流域的大阳镇后，裴氏家族在明代出了两位进士，第一位是明正德十六年（1521）辛巳科第三甲第一百四十七名进士裴骞，入仕后奉政大夫河南卫辉府同知、前通政使司右参议、山东按察司副使等职，后被万历帝赐为"靖边巡阅副使"。第二位是裴宇，嘉靖二十年（1541）辛丑科第三甲第一百三十四名进士，官至礼部尚书。据缪荃孙等编撰《江苏省通志稿·大事志》第五十二卷记载：

> 五月乙卯，改南京礼部右侍郎裴宇为南京吏部右侍郎，巡抚应天等处。
>
> 十月癸未，升南京吏部右侍郎裴宇为南京工部尚书。
>
> 二年丁亥，南京工部尚书裴宇以诏书停造军器，因言留都根本重地，即有缓急，守备不可不豫，请如例补造。从之。二月丙寅，改南京工部尚书裴宇为南京礼部尚书。[2]

裴宇的父亲裴爵，曾任丰县县令，曾主持修丰县县志。

---

[1] 潘小蒲：《马总兵传奇》，大众文艺出版社2004年版，第89页。

[2] 缪荃孙等编撰：《江苏省通志稿·大事志》第五十二卷，第1~7页。

丹河是沁河的第一大支流，其发源于山西省高平市赵庄丹朱岭。高平市西与沁水县为邻，南与泽州县毗连，受传统文化影响，代有人才，旧有"潞泽青紫，半在高平"之说。高平主要名人有汉代度辽将军陈龟，晋代名医王叔和，唐代上柱国李修，宋代抗金名将王彦，元代工部尚书、水利学家贾鲁，书法家李肯堂等人。明嘉靖年间，高平考取进士者有郭鋆、郭般、郭鉴、常存仁、苏民牧、张云路、刘崇文、牛帆、郭东等九人，名扬三晋，有"泫氏古多圣，九凤开先河"之说。

高平著名的牛氏家族在明朝时有进士三名，牛轼，字伯行，明嘉靖二十九年（1550）进士，任中书舍人，户部员外郎、郎中，陕西庆阳知府。[1]牛从龙，字汝腾，明万历十七年（1589）进士，历任赞皇、真定知县，刑部主事，户部郎中。[2]牛翀玹，字鹏洲，明万历四十七年（1618）进士，任直隶仪真知县、山东道御史。[3]清朝牛氏家族中进士两名，牛兆捷，康熙二十四年（1685）进士。牛宗文，字吉人，清乾隆十年（1745）进士，历任山东临朐、堂邑、郯城知县，以母老乞养归。邑宰延之，主讲书院。[4]现有文献中对牛兆捷的记述较多。

牛兆捷（1643—1694），字月三，号溅洋，清代学者。曾从师于傅山、毕振姬。傅山曾和他的朋友谈到牛兆捷，说他的文章有"孔将军居左，费将军居右之势"。由于傅山的赏识，牛兆捷常常出入于魏象枢、胡季等当时省城鸿儒家门，魏象枢请他做自家子弟的老师。阳城陈廷敬夸他是"吾乡第一才子"。康熙十三年（1674）岁试，牛兆捷考试第一。康熙二十四年（1685），牛兆捷中进士，后任灌阳令，教民敦礼让，课农桑，

[1] 王欣欣编著：《山西历代进士题名录》，山西教育出版社2005年版，第149页。

[2] 王欣欣编著：《山西历代进士题名录》，山西教育出版社2005年版，第149页。

[3] 王欣欣编著：《山西历代进士题名录》，山西教育出版社2005年版，第149页。

[4] 王欣欣编著：《山西历代进士题名录》，山西教育出版社2005年版，第151页。

祁贡墓地

邑人建祠祀之。著有《陶史草》十卷。[1]

　　高平孝义村祁氏，俗称山西南祁，为高平望族，世代书香传家，杰出者以祁贡为代表。祁贡（1777—1844），字竹轩，又字寄庵，清代高平孝义里人。其祖父祁果是工部员外郎，父亲祁汝燮担任中书省中书。在家庭的熏陶下，他十四岁中秀才，十八岁中举人，二十一岁中进士，历任刑部主事、河南粮盐道、浙江按察使、贵州布政使、刑部右侍郎、广西巡抚。道光十三年（1833）任广东巡抚，道光十五年（1835）兼署两广总督，赞同弛禁鸦片，"实于国计民生，均有裨益"，而且订立实施章程九条，将弛禁措施具体化。但是由于受到朱嶟、许球和袁玉麟等人及舆论的批驳、反对，道光帝没有批准祁贡等人的奏请。

　　此后，祁贡随同邓廷桢变弛禁为严禁，道光十八年调任刑部尚书。鸦

---

　　[1]　《高平县志》编委会：《高平县志》，中国地图出版社1992年版，第599页。

片战争爆发后，英军于道光二十一年（1841）进犯广州，被派往广东督办粮饷，协助奕山，后接替琦善任两广总督。道光二十四年（1844），祁贡病逝于广州。道光二十六年（1846）十月，柩返高平下葬。思想家张穆为他作了墓志铭。清廷下令按尚书惯例赐恤，谥号为"恭恪"。[1]

毕振姬（1612—1681），字亮四，号王孙，明末清初高平县伯方村人。毕振姬出身贫寒，少年好学。明崇祯十五年（1642），毕振姬中山西乡试第一名举人，清顺治三年（1646）中进士，历任教授、国子监助教、主事、员外郎、道员、按察使、布政使等职。毕振姬一生甘居淡泊，以"清德"著称。在任平阳府教授时，住在残破不堪的危楼中，与鹳雀为伴。在任国子监助教、刑部主事、员外郎期间，他身居京师繁华闹市，每于曹事之暇，即退居陋室，"坐卧黄埃黑灶、瓦灯布被中，伏读不休"（《山西献征》卷二），因此，他被时人称为"有官僧"。毕振姬为官十四年，"食无兼味，身无更替之衣"（《西北文集·毕坚毅先生传》），"至回籍之日，一仆一马而外，了无长物"。[2]

田逢吉，字凝只，号沛仓，高平县良户人，清顺治十二年（1655）进士，选庶吉士，授编修，官至国史院学士，仕至浙江巡抚，二品大员。在翰林时，分别于顺治十五年（1658）、康熙九年（1670）担任考官和主考官，所取士如孝感、安溪、遂宁、太仓、昆山、即墨、武进、猗氏、平湖诸公，后皆为名臣。任国史院学士时，曾奉命到淮阳放粮救助逃荒者，功绩显著。在浙江巡抚任上，因积劳成疾，以病告归，乡人祖祖辈辈亲切地称他为"田阁老"。[3]

明清时期沁河流域的文化名人、科举世家众多，才俊之士更是不胜枚举，有明隆庆年间进士工部尚书坪上村人刘东星，万历年间进士历任

---

[1] 《高平县志》编委会：《高平县志》，中国地图出版社1992年版，第572~573页。

[2] 《清史列传》卷七四。

[3] 《高平县志》编委会：《高平县志》，中国地图出版社1992年版，第599页。

工部、吏部和兵部要职的郭壁北村人韩范，清康熙年间进士沁水知县赵风诏，咸丰年间进士四川长寿知县曲堤村人霍润生，光绪年间进士四川江油知县西关村人张文焕，贡生康梁变法的坚定支持者沁水北关村人延嵩寿等。

由于受传统文化的影响，中国人十分重视盖房建屋，许多人毕其一生辛苦，把赚来的银子都投到了宅院府第的建设中，为子孙后代留下房产基业，盖房建屋成为上至官员下至百姓一生当中的头等大事。明清两代，沁河流域的达官贵人们同样醉心于建造深宅大院、书房花园，以昭示名门之显赫，同时也为后人留下了一批具有丰富历史文化含量的老宅院。

山西人以善于建房著称，有句俗语讲："山西人爱盖楼，河南人爱穿绸。"当代文化学人余秋雨在担任《千禧之旅》主讲人时说，他第一次看到山西的老宅子和老院子时，立即就被那种从未领略过的气势所压倒。精雅的屋宇、森然的高墙，他认为，山西的这些明清老宅院无疑是中国民居建筑中让人叹为观止的一流构建。而在沁河流域，可以毫不夸张地说，现存的明清两代的成规模的民居建筑，数量之多已达惊人之举，在沁河流域的晋城市所辖的八千四百余个村庄里，几乎每一个村庄都能找到它们的踪迹，总量超过一万座。[1]

2. 官与官宅

现存沁河流域的官宅可以说是各具特色、各有千秋，但大都以楼院形式为主。这种类型的建筑遍布整个沁河流域。楼院是由二层楼房围成的院落，一层一般作为居室，二层作为贮藏粮食、杂物的仓库。官宅规模宏大，工艺精美，风格独特，但因等级制约，无法在色彩、琉璃等方面发挥，因而大量的砖木石雕刻被广泛运用，这也成为沁河流域传统老宅院的

---

[1] 殷理田、王守信主编：《晋城百科全书》，奥林匹克出版社1995年版，第5页。

一处亮点。官宅比较讲究，建筑上饰有大量精美的石雕、砖雕、木雕等艺术品，这些精美的艺术品无不展现着与普通民宅的不同之处，并真实地反映了明清两代的政治、经济、军事、科学、文化、宗教等内容，具有很高的历史研究价值。

在沁河流域最具代表性的官宅当属柳氏民居。

沁河柳氏，原为河东解州镇（今运城永济市解州镇）唐代著名文学家、哲学家、散文家，史称"永州司马"的柳宗元的后裔。明代时又重新复兴起来，其子孙通过"学而优则仕"的途径，重新步入官场，使人们对

沁河流域老宅院内的精美雕饰

柳氏再次刮目相看。

"百世书香门第，千年兴旺氏族。"明永乐四年（1406），柳氏后人柳琛殿试三甲，赐同进士出生，为光宗耀祖，其大兴土木，建宅院于西文兴村，最开始是修建祠堂，后来又修了文庙、关帝庙等建筑。此后，柳氏族人大多通过科举为官，第三代族人柳马录，沁水廪膳生，明成化十六年（1480）中庚子科进士，授正四品官承德郎；第五代族人柳大武，明嘉靖七年（1528）入国子监，嘉靖十一年中壬辰科武状元；柳大夏，明嘉靖十年赐进士出身，进京任医学训科；第六代族人柳遇春，明嘉靖二十五年（1546）中丙午科进士，任山东宁海知州，补陕西同州知州。[1]嘉靖二十九年（1550），皇帝亲赐柳遇春"青云接武"金匾，现民居院中一石牌坊迎风板上尚存有楷书题迹："明嘉靖二十九年庚戌冬十月立。"此后，他与其弟柳逢春在西文兴大兴土木，建造了规模宏大、门庭森严的十三院府邸。《柳氏重修继志堂碑记》中有"明嘉靖年间，世祖柳逢春……资产充足，产业阔大，始亲置南山东川山场庄田"的记载。这次修建时长二十八年，直到明隆庆四年（1570）才基本完成。

柳氏民居位于沁水县城西南二十五公里的土沃乡西文兴村。这里风光秀美，四时景色宜人，作为明清时沁河流域官居建筑的典范，其整个建筑大体分为三部分：第一部分为内府区，包括环形小街、小戏台、司马第、中宪第、武德第、承德第、因秀楼、地道口、赏景亭、观河亭、后花园、府门楼等，八个府匾"行邀天宠"、"承德第"、"武德第"、"司马第"、"中宪第"、"河东世泽"、"青云接武"、"中宪大夫"至今犹存。第二部分中间区为内外府相接处，主要是文昌阁、校场、府外门楼和两个高大壮观的石牌坊构成的内街。第三部分外府区，包括柳氏祠堂、虞帝庙、文庙、纸帛楼、天子殿、圣庙、柴房等，有高墙建筑和过亭作防御。

---

[1] 王良、潘保安主编：《柳氏民居与柳宗元》，中国文联出版社2004年版，第137页。

柳氏宅院皆为四合院，院门偏于一角，门口有木刻门楼装饰和石狮护卫。院内东、西、南、北皆为两层阁楼式建筑，有的院四角另有一小院，每院各有小屋两间，俗称四大八小式。柳氏民居受其书香门第影响，整体建筑用材考究，做工精细，支础木柱、楼梯栏杆、窗棂雀替均经艺术加工，雕刻多为花鸟禽兽、历史人物等。府院建筑的创意及文化蕴含都达到很高水准，不仅题材多样，构图缜密，而且在运用传统吉祥图案喻事和谐音表现手法方面都令人大开眼界。如以莲花、桂枝表示"连生贵子"，用一根绳子串三个铜钱表示"连中三元"，以五蝙蝠展翅围绕"寿"字表示"五福朝寿"等，类似图案仅"行邀天宠"门楼就有三十多种。吏部尚书王国光曾亲笔为柳府题写"屏障插文峰百世书香飞

坪上村城堡门楼

七襄头四合院东厢房

骥足，楼台围带水九天水暖出龙头"楹联，祠堂内尚存有朱熹、文征明等名家书法碑，其中文征明书《阳明先生谕俗四条》、《祠堂仪式记》和《柳氏宗支图记》等碑刻，具有很高的史学、民俗学、文学和

艺术价值。[1]

在沁河流域比较典型的官宅还有刘东星故居、毕振姬故居、郑氏的府邸、贾氏故居。

坪上村城堡，为明隆庆二年（1568）进士、湖广右布政使、吏部右侍郎、工部尚书刘东星（1538—1601）所筑。刘东星治理黄河三百多华里，名震朝野，后因积劳成疾，卒于开河治湖的住所，受到群众爱戴。现在城郭全废，仅存四层门楼一座、"四大八小"双层四合院十多座。

毕振姬故居为清代中前期所建，坐落在村中的北隅处。由于其居官清廉，无论在任或辞官回乡，所修住宅远比不上商贾和其他官宦人家。现存较完整的有住宅院二处，书房院一处，祠堂一处，还有两处院落的房子已改建，但所剩的大门和老墙，其旧貌还依稀可见。毕家大院保存最完整且颇具特色的建筑，是位于祠堂西侧的七裹头四合院。该院大门开在正西的南侧，高大的门楼、厚重的院墙和楼檐包围下的木构架，造就了宅院幽深的空间，楼面的护栏、窗棂、隔屏图案简洁大方，统一的模式使院落显得规整而高雅。该院的大门挂落、楼檐梁枋、柱头雀替等木雕饰品，大都嵌以精致的八卦形图案，其寓意和其他大户人家的民居建筑一样，意在保护家族的生息和旺盛。

下沃泉民居位于土沃乡下沃泉村，是清代内阁大学士、阳城田从典岳父郑氏的府邸，名曰郑家院。有东院、西院、后花园、木阁楼、石板道和郑氏祠堂，建筑面积3810平方米，建造年代为清康熙六年（1667）。郑氏为书香耕读之家，民居东院门庭摆放石狮，正堂四梁八柱，为两层砖木构建。西院为四合庭院，正北建有三层红楼，其门为生铁铸造。后花园现存有寿山石，花园门门额题为"南园"，落款为田从典之子田懋书，门额有"金鸾霞凤"、"耕读"、"攀桂"、"世荫之

---

[1] 《沁水县志》编纂办公室：《沁水县志》，山西人民出版社1987年版，第424页。

家"、"南园"等。[1]

贾氏故居位于端氏镇端氏村，为清光绪三十年（1904）进士，曾任国民党"行政院副院长"贾景德的故里。贾景德出生在一个官宦之家，其父贾作人为清光绪十五年（1889）进士，叔父贾耕亦为前清举人，先后任清代西丰知县及段祺瑞的"安福国会"参议院议员等官职。贾氏民居原建筑坐北朝南，共三进院，现存的只有三排古式砖木结构的房子。贾氏民居临街处原曾有一座雄伟豪华的大牌楼，牌楼下置石狮、石鼓各一对，更显出官宦之家的威严。顺着牌楼往里走，里面是一条笔直的大道，全用石条铺地，然后再用青砖直砌到顶。两旁屋墙笔直挺立，显得壁垒森严，所以人们把贾家的这条大道称为"贾谷洞"（胡同）。此外，"贾谷洞"第二道牌楼，还有几院房子等建筑，均毁于日军侵华时的空袭。[2]

3. 官宅与堡寨

山西历来为兵家必争之地，建城筑堡由来已久。沁河流域，地处太行、太岳山之脊，经黄河可达中原，处于进则可攻退则易守的战略要地。战国时期著名的长平之战就发生在沁河和丹河两岸。明朝末年，阶级矛盾日益尖锐，赋税和徭役沉重，陕西连年发生灾荒，所以率先引发农民起义，山西与陕西相邻，以李自成为首的农民军在陕、晋、豫等地进行了长达十几年的拉锯战，于是山西南部的沁河流域便成为交战的主要战场。

民国年间编写的《阳城乡土志》记载：

> 崇祯四载，流贼猖狂，九条龙、紫金梁、老回回绰号之渠魁不一。

---

[1] 侯晋林、续文琴著：《沁水百科全书》，山西人民出版社2009年版，第63页。

[2] 侯晋林、续文琴著：《沁水百科全书》，山西人民出版社2009年版，第62页。

原文注：

崇祯四年，流贼王嘉印（胤），即九条龙，转掠至阳城，总
兵曹文诏击斩之。其党王自用，号紫金梁，与老回回往来阳城
间，民被其害。

五六年间，邑民涂炭，润城都、郭谷里诸乡之杀掠尤多。

《郭谷（峪）修城碑记》载：

崇祯五年七月十六日卯时，突有流寇至，以万余计。乡人抛
死拒之，众寡不敌，竟遭蹂躏。杀伤之惨，焚劫之凶，天日昏而
山川变。所剩孑遗，大半锋镝残躯。或杀间奔出与商旅他乡者寥
寥无几。

为躲避农民军劫掠，樊溪河谷众多散居的小户迁至大村附近，以加
强集体防御力量，形成了郭峪这样较大的杂姓村落。经过明末战乱，阳
城四乡村落变得十分萧条。清同治《阳城县除荒救民碑记》中载：

阳城县前此无荒也，始于闯寇之变，桑田迁易，姜逆继
之，蹂躏更多……计明代丁口十万有奇，今虽生聚数年，供□
者不过两万余，凋敝之象不堪瞩目也。

沁河流域的官吏们为使其家族免受战乱之扰，在原有住宅基础上大兴
土木，修建了用来抵御的城堡。沁河流域现存古堡式民居建筑即大多修建
于明崇祯年间这段动荡时期，而今保留下的许多堡寨建筑，成为沁河流域
特殊时间的文化现象。

三里一堡，五里一寨。这些古堡建筑群主要集中在沁河流域两岸，
各具特色，且数量之多、密度之大在中国北方传统建筑中极其罕见。"据
2005年至2006年间的普查，沁河中游在方圆约三十平方公里的范围内集中

保留有三十余座非常精美的古村镇，如窦庄村、郭壁村、湘峪村，阳城县皇城村、郭峪村、润城镇……"[1]

窦庄古堡，位于沁水县东南部嘉峰镇窦庄村，因宋代左屯围大将军窦璘居此而得名，现在城中还有保存完好的有窦璘后代、清光绪九年（1883）进士窦渥之的宅院。

明天启年间，张五典致仕后，张氏家族在原宋代村落的基础上重新规划，拓展扩建，仿北京城的防御功能，围修城墙，并建九门，内置几条"丁"字街。后又经其孙明锦衣卫指挥佥事，后升任掌管京城防卫的都督同知张道浚完善。

窦庄古堡现存历史建筑面积约四万平方米，东西南北各约两百米，整个城堡形状为"口"字形，称为"金丝吊葫芦"。村落周围有天然山岭为屏障，沁河由北而东三面环绕村落形如玉带，呈现出"金龟探水之势"。窦庄从明天启三年（1623）开始修建，耗时七年时间，直到崇祯三年（1630）才完全竣工。当时的窦庄古堡有内外两城，九门九关，留下了"天下庄，数窦庄，窦庄是个小北京"的民谣。窦庄现存有尚书府、九宅、旗杆院、庭房院、北院、对门宅、三串院、耕读院、常家院、当铺院

窦庄牌坊

窦庄古戏台

---

[1] 山西省建设厅：《山西古村镇》，中国建筑工业出版社2007年版。

等大量明清建筑群。大部分院落有石柱、前廊、通檐走廊、石梯等，木雕、石雕、砖雕精细。

明末崇祯年间，王嘉胤率领陕西农民军杀到窦庄，"众请避之"，张铨遗孀霍氏曰："避贼而出，家不保；出而遇贼，身不保。等死耳，盍死于家。"乃率僮仆坚守。农民军攻四昼夜，不克而去。次年九月二十八日，另外一支起义军王自用杀来，张铨之子张道浚正好回乡，亲率众人抵抗，农民军攻城未遂。十月二十八日，王嘉胤率军又一次攻打窦庄，被张道浚偷袭，逃往阳城北留一带。由于农民起义军频繁在沁水各地活动，沁河流域各村在遭到重创后纷纷效法窦庄造起城堡，先后修筑起五十四座。

湘峪古堡始建于明天启三年（1623），为明代户部尚书孙居相、礼部儒官孙可相、都察院右副都御史孙鼎相三兄弟之故里，因此，湘峪古堡亦俗称"三都堂"。古堡依山而建，面临溪流，有内外城墙，城墙用石条为基，青砖包砌，内填土石，坚固壮观，外城墙设有东、西、南三门，还建有角楼、藏兵洞、马厩、马夫居室、水井、石磨等。

据史书记载，明天启三年（1623），为避战乱，孙氏家族便开始筹划在家乡修建城堡。整个城堡建筑由孙氏三兄弟精心规划和严密组织，施工时间长达十年。湘峪城为蜂窝式城堡，全部是砖石土木结构建造，外围原有一条护城河，与城墙相连设有藏兵洞，藏兵洞洞体宽大，集兵营与仓库功能为一体，在每个藏兵洞内都设有拱形窗户一个，直面城外，形成居高临下之势。古堡城势险要，易守难攻，真可谓一夫当关，万夫莫入。现保存完整的有南城门和东城门，还有南面及北面的几段古城墙，虽然年久残破，但镶刻在城门上的"迎晖"、"来奕"、"宸薰"字样仍清晰可辨。

明末农民起义的烽烟沿着沁河烧到阳城一带，战火所及，生灵涂炭，阳城各村纷纷建起乡村堡寨，郭峪古堡即为其中之一。郭峪古堡的城墙目前保存基本完好，村内还遗留了大量民居建筑和碑刻资料，清晰地勾画出了本地的史事浮沉。

郭峪古堡的修建始于崇祯八年（1635）。据乾隆《阳城县志》记载，崇祯五年（1632），王自用率众"犯县之郭谷（峪）、白巷、润城诸村，杀掠数千人而去，杀伤之惨，焚劫之凶，天日昏，而山川变"。崇祯六年（1633）四月十六日，农民军进攻郭峪。进村后"初不见人之去向，以为奇迹。及搜见一二人，百般拷问，一一引至洞口，贼尚不敢入，先用布裹干草，内加硫黄，人言藏火于内，用绳悬在井中，毒气熏入洞内，人以中毒，不觉昏迷气绝"，以至"北门外井洞计伤八十余口，馆后井洞计伤数十人，崖上井洞计伤数十人，并吾村之藏于炭窑、矿洞者，共伤三百余人，苦绝者数家"。二十日，曹文诏领官军七千，自周村发兵至郭峪，分三路斩杀农民军首级千余，以为得胜，退至周村庆功，犒赏三军。不料，农民军又杀了个回马枪，再次打到郭峪。此次是郭峪历次遭洗劫中最惨痛的一次，四日中，"杀死熏死尸骸满地。天气炎热，臭气难堪。即有一二未受害者，天降瘟症，不拘男女大小，十伤八九"。自此次农民军劫掠之后，村民"无地可避，每日惊慌，昼不敢入户造饭，腰悬米食；夜不敢解衣歇卧，头枕干粮。观山望火，无一刻安然"。有钱有势人家多避居县城及安定之村庄，而"贫寒者为农事所羁，宿山卧岭，闻风惊走"，郭峪村一片凋敝之象。于是，"吾乡不得已，设处钱粮，东坡修寨"，怎奈"寨工虽完，无险可恃，人心终于不安"。[1]

此时，郭峪村曾任蓟北巡抚的张鹏云"极力倡议输财，以奠磐石之安"，并"劝谕有财者输财，有力者出力"。劫后余生者积极行动起来，于崇祯八年（1635）正月十七日开工修城，由社首富商王重新组织筹资督

工，他先自捐银七千两，有钱乡民踊跃筹集白银万两，无钱的以役代捐，是年十一月十五日告竣。城墙"内外俱用砖石垒砌，计高三丈六尺，计阔一丈六尺，周围合计四百二十丈。列垛四百五十，辟门有三，城楼十三座，窝铺十八座，筑窑五百五十六座"[1]，可谓坚固壮丽。至此，郭峪堡寨初具规模，可战可守，既是村庄的防卫工程，也日益成为村人重要的生活空间。与此同时，农民军十三家七十二营的首领在河南荥阳聚集，共商战略之后东征凤阳，然后转战中原，沁河流域暂时得以安宁。崇祯十年（1637），农民军又一次占据阳城南山，并"在西乌岭口婉子城、阳、沁、济源地方"频繁活动。尽管战争局势紧张，此时的郭峪村人却安稳地居于城中，"虽累年凶旱，未至大荒，衣食犹可粗足"，城墙之功，由此可见一斑。一城即筑，四方毕固，然"记贼出没始末毕详，且尽藏之箧中"。

这座位于村子中央的七层建筑就是豫楼，是当时为了防御农民起义军的军事建筑，豫楼的地下室设有水井、灶台、磨坊等生活设施一应俱全。豫楼的"豫"是依《周易》"豫"卦的卦义而命名，有三重寓意：一是知

豫楼

豫楼地下室一隅

[1]　《郭谷（峪）修城碑记》，见王小圣、卢家俭：《古村郭峪碑文集》，中华书局2005年版，第237页。

变应变，事先要有应变的准备。二是"顺以动"，顺应民情，动不违众。三是"逸豫"，与众和乐。

蟠龙寨建于良户村东北高岭之上，是明末清初田驭远率领田氏家族为抵御农民起义军侵袭而修筑的堡寨式建筑。其地理位置三面环沟临河，一面连山接岭，取盘龙卧虎之意，冠名"蟠龙寨"。田氏家族是高平良户村年代最久、地位最高的名门望族，明万历壬午十年（1582）和戊子十六年（1588），田可久、田可贡兄弟先后中举，分别任河南渑池和山东莱阳两县知事，田氏家族地位陡增。从此田家开始在村中大兴土木，修建宅院，现有花梁可查的，在明万历、天启和崇祯年间修建的大宅院有五处，共计十几院，最有名的有阁子院、国朝军功院。进入清朝以后，田氏家族的田逢吉官至通奉大夫、浙江巡抚及户部、兵部侍郎兼都察院副都御史加一级等高官，随着官位的升高，田家开始修建高官府第，阁子院的主人田驭远在村东北选了一块三面环水的高地，修建了封闭严密、防卫齐全的"蟠龙寨"。

蟠龙寨现存侍郎府、东西宅、佛堂、书房院、管家院等。

庭房院迎面三间大厅高大豪华，墙厚三尺，铁甲裹门，并筑有吊桥，外人想要进入楼内，先得爬上九级陡峭的沙石台阶，待屋内放下吊桥，才可进入，大有"一夫当关，万夫莫开"之势。据村民介绍，楼内建有水道和地道，从地下室一暗门进入地道，居住和防御两全其美。

侍郎府是蟠龙寨最重要的建筑，一进三院，高门大户，双狮雄立，五门相照。进门迎面是巨大的砖雕照壁，饰以祥云海浪、珍禽瑞兽、奇花异草等吉祥图案。蟠龙寨以侍郎府为中心，东宅、西宅设有碾磨水井，及耕牛喂马之处，又有书房、堂庙，吃穿住行书礼一应俱全，足以安居乐业。

蟠龙寨侍郎府

蟠龙寨外有西、南两座城楼，互为犄角。西门城楼建于一陡坡之上，下面开阔沟地为百果园，易守难攻。南门城楼建于东南角，坐北朝南，筑有厚重夯土城墙，东墙下有藏兵洞。南门城楼前有瓮城，三面临崖，形成一道天然屏障。

除了固若金汤的堡寨，蟠龙寨还有田逢吉救父的故事流传。清雍正朝《泽州府志》、乾隆和同治年间《高平县志》记载，农民军初起时打家劫舍的事时有发生，良户望族田驭远倾其所有恳求释放乡亲，农民军反用刀胁迫他的父亲田可耘，田驭远引颈求戮，不想田驭远五岁小儿田逢吉冲出来 "匍匐哀嚎，号泣父旁，若请代状"，以弱小之身担当大难，农民军军士纷纷说："勿惊孝子！"

郭壁古堡，地处窦庄之南，沁河西岸，坐落在山坡上，气势磅礴，雄伟壮观，是沁水县遗留老宅院较多的村落。街上原有七座石牌坊已毁，城墙也大部分拆除，仅在节节升高的西部留有部分城垣，从残缺的部分依然能够看出其原有的高度和厚度。郭壁曾出过六个进士，其院落多呈四合院，正房高达三四层，构成山河楼形式。有的西房下部为窑，上部为楼，四角有阁楼。门楼很考究，多石、木、砖雕刻。木门、石狮、斗拱、匾额俱在，古色古香，气势雄壮。著名的有城上两进士院和城下大中第、五宅、进士第、乐善、十宅、中宪第等。

古堡中山坡上挖有两口水井，堡内有厕所、磨、碾，生活设施齐全，如果关上城门，在这里生活几个月都不成问题。据史书记载，此城为明万历十四年（1586）郭壁进士、官至通政司右通政韩范 （1556—1625）等人修筑。韩范曾任工部营缮司员

郭壁古堡进士第

郭壁古堡的"孝"字照壁

外，主持营建十三陵中的定陵工程，为朝廷节资十万余黄金，为吏部尚书孙丕扬所器重，升任兵部武选司郎中，后为父服丧，在家居住十七年。后任通政司右通政，不满阉党魏忠贤乱政，又回家隐居，咏诗著文。韩范的故居是一座二层楼房的四合院，至今保存完好。

郭壁古堡与古街保存相对完好，不仅气势恢宏，而且风韵独特，"许多名门大院外观豪华绚丽，门楼、外墙和门内照壁均装饰有精美的砖雕、木雕和石雕"，有的门楼外侧还保存着"忠"、"孝"二字的精美照壁，而且多数门楼上都有石刻或木制的门匾，题为"进士第"、"大中第"者居多，甚至有些还刻有当年房主人历任官职的名称，身临其境，很容易使人想到当年古村的显赫和繁华。

4. 商源

对于泽潞商人的文字记载，明人沈思孝的《晋录》一书有这样表述："平阳、泽、潞，豪商大贾甲天下，非数十万不称富。"从这段描述中，我们看到了当时泽潞地区的兴盛与繁荣。明清时期山西按地域区分为晋中、晋南、崞县等几大商帮，其中泽潞商帮是指山西东南部的泽州（今晋城）和潞州（今长治）一带的商人群体。泽潞商帮的起家要早于山西其他几大商帮，这一地区有丰富的煤、铁等矿藏，当地冶炼制铁业曾占据过中国北方的大半个市场，较为发达的手工业、纺织业又刺激了商业的发展，明清时潞绸是中国四大名绸之一。

而泽潞商帮中的泽州商人则主要集中在沁河与第一大支流丹河两岸，这一地区土地贫瘠，不适宜农业生产。在明清时期的地方文献记载中，这里的人多以工、商为主业。万历《泽州府志》卷七记泽州"第其土不甚沃，高岗多而原隰少，人口庬居逐末作，而荒于耒耜"。传统社会中行业排序为"士、农、工、商"，"逐末作"即说明商业在明清时期的沁河流域地方社会中占有重要的地位，在现有文字的记述中，当地著名的商人不胜枚举。

在阳城县下孔村，有一条名声很响的胡同，即吴家胡同，它是清代吴氏家族经商鼎盛时期留下的遗迹之一。下孔村吴氏家族，最初是在明正德年间依靠先人挖煤炼铁艰苦创业发迹的。由于下孔村处于泽州府至平阳府的驿道上（村东至今仍有"通驿桥"遗址），吴氏后人便利用交通便利的条件，把生意做到了河南的开封、鲁山，安徽的颍州，湖北的汉口等地。[1]据《吴氏家谱》记载，清末至民国年间，吴氏后裔在全国各地计有门市铺面两百余间。吴氏家族有据可考的主要人物有：

　　吴薪照（1842—1895），中年时曾一度在河南鲁山（今属平顶山市）经商，时有店铺三十余间；吴曎年（1872—1936），精于商务，谙熟商机，早年外出经商，发迹后又回村行窑采煤，特别喜欢上党梆子，与人合伙创办有自乐班，很受欢迎。吴氏家族最具有传奇性的人物是吴贯，吴贯曾在安徽颍州一带经商，精于商机，当地至今还留传有一首民谣，"山西有个吴老贯，不会写不会算，银钱挣下千千万"，说的就是吴贯其人。此外，吴之琛在河南开封经营"景文洲"丝绸商号，吴忠正在河南开钱庄，吴中兴在阳城开当铺，吴永恒在东冶开盐店等都很有名。[2]

　　泽州县北义城镇的北尹寨村，位于丹河峡谷。村中有一座庄院，院内建立有旗杆、牌楼、花园、果园、舞台、书房院、作坊院、药铺院、马房院等数十个深宅大院。大院的主人姓祁，是清朝富可敌国的泽州尹寨祁家之宅。

　　祁家从清初至民国时期，世代经商兼经营土地，其商行、店铺、作坊、钱庄遍布湖南、四川、河南、陕西、山西等省的一些重要市镇，从尹寨河到湖北老河口，沿路都有祁家的商行、店铺、土地和佃户，时称一路上祁家人不住别人家的店，祁家牲口不吃别人家的草。尹寨祁家的祖先是高平米山镇孝义村人，明末崇祯年间，由于发生饥荒和兵乱，民不聊生，良字辈有兄弟俩迁居到现在的北尹寨村。兄弟二人定居于北尹寨后，一

---

　　[1] 《下孔村志》编纂委员会：《下孔村志》，世界华人艺术出版社2001年版，第56页。

　　[2] 山西省政协《晋商史料全览》编辑委员会：《晋商史料全览》家族人物卷，山西人民出版社2007年版，第289页。

边务农，一边经营挑运生意，逐步发展到有了自己的店铺，并使商业资产不断扩大。到他们的儿子辈时，已经由挑运生意发展到手工作坊、商业店铺、驮运、船运等多个领域。[1]

祁家后代中比较有代表性的人物叫祁公兴。他德才兼备，经营有方，尤其善于掌舵船运，并能主持公道，严守诚信，乐于助人，扶贫济困，因此美名远扬，船行到哪里，生意就做到哪里。周口、漯河、襄樊等从山西到老河口沿途的重要城镇，从武汉三镇到四川长江两岸的主要城镇以及洞庭湖周边和长江下游一带，都有祁公兴的生意字号和土地庄院。到光绪年间，祁家生意发展到顶峰，涉及运输、钱庄、纺织、冶炼、瓷器、竹器、茶叶等行业，主要生意集中在湖北老河口一带，这里是汉水上游的重要市镇，是鄂、豫、陕三省重要的货物集散地。[2]

据地方文献记载，明清时期沁河流域的商业活动与制铁业、丝绸业有着密切关系，因此，当地商业发展带有强烈的地域特色。

沁河流域铁矿分布广泛，如阳城"县地皆山，自前世已有矿穴，采铅、锡、铁"，"史山，县东北三十里，产铁矿"等等。另一方面，沁河流域各县冶铁历史亦很悠久。《隋书·百官志》记载，北齐在今天阳城固隆乡白涧村设有冶铁局，泽州还铸造过北宋铁钱。元武宗至大元年（1308）设立有河东提举司掌管河东路的八处铁冶，其中一为益国冶，就在高平市西北十里的王降村。明洪武、永乐年间，益国冶是全国十三个冶铁所之一。《泽州府志·阳城县》卷四十九记载："明正德七年霸州贼刘六、刘七等，至阳城县东白巷等村，民以铁锅排列衢巷，登屋用瓦击之，贼不能入。"这也充分证明当地冶铁铸造业的发达。

当地有许多民间谚语说明了冶铁铸造业的发展状况：黑行不动，百行

---

[1] 山西省政协《晋商史料全览》编辑委员会：《晋商史料全览》家族人物卷，山西人民出版社2007年版，第286页。

[2] 山西省政协《晋商史料全览》编辑委员会：《晋商史料全览》家族人物卷，山西人民出版社2007年版，第286页。

无用。铁货不走，人民受穷，不怕三年天大旱，只怕一年不打铁。晋城紧邻中原地区，承担着供应周边农业区域生产工具及各种与日常生活密切相关的铁制品供应，如"铁锅""铁壶""刀剪""铁钉"等等，形成了专业生产规模。例如，关于泽州县大阳镇的制针业，德国人李希霍芬在1882年的著作中写道：

铁质摊馍鏊子

大阳的针，供应这个大国的每一个家庭，并且远销中亚一带。他在1870年6月致上海总商会主席米琪的信中指出："山西生产的铁，品质很高，若欧洲铁与土铁价格相等，中国人是愿意用山西熟铁而不用进口的欧洲铁的。"[1]时至今日，大阳镇赵永昌针店的后人还能唱起卖针歌：

> 头号针纳千层底，二号针缝万件衣。
>
> 三号四号老常用，针线活儿不可离。
>
> 五号钢针虽然小，大家小户离不了。
>
> 能绣龙，能绣凤，能绣宋朝一营兵。
>
> 绣个喜鹊叫喳喳，绣个蝈蝈蹦三蹦。

当地发达的冶铁业成就了明清时期沁河两岸的一批富商。

高平铁业大户石咀头郭家是清末至民国年间沁河流域有名的铁业大户。相传，郭家先祖以开采煤窑发迹，然后开始炼铁，郭家开炉炼铁始于明末清初，后逐渐发达。清雍正元年（1723）郭家创修的四合大院即可作

---

[1] 彭泽益：《中国近代手工业史资料1840—1849》第二卷，生活·读书·新知三联书店1957年版，第143页。

为证明。清乾嘉年间，郭家进入鼎盛时期时在方圆五十里内开铁炉五十六座，现知的有朵则村南边炉、郭村圪毛岭炉、李家庄神仙沟炉、龙泉村炉、侯家庄大弯炉、唐王头炉、谷口村公记炉、南朱庄龙顶沟炉、石咀头村新炉（村西），炉的类型有方炉、炒炉、条炉等。方炉出来的是生铁，炒炉出来的是圆铁，条炉出来的是方块形的熟铁。此外，郭家还在无锡、开封等地有生意。[1]

在沁河流域与铁贸易紧密联系的还有盐贸易。

在明代中期的有关文献记载中，铁和盐已成为泽潞商人最重要的两种商品。明朝天顺四年（1460），朝廷曾定河东纳铁中盐之法，巡抚山西都御史马文升奏请：

陕西都司所属四十卫所岁造军器用熟铁三十一万四千余斤，又各边不时奏乞补造，动取一二十万，俱派取民间，多毁农器充纳，深为民害。访得山西阳城县产铁甚贱，而河东盐不费煎熬，往年泽州人每以铁一百斤，至曲沃县易盐二百斤，以此陕西铁价稍贱，因添设巡盐御史，私盐不行，熟铁愈贵，乞以盐课五十万引，中铁五百万斤，俱于安邑县上纳，运至藩库收贮支销。诏从之。[2]

万历《泽州府志》记载：

州介万山中，枉得泽名，田故无多，虽丰年人日食不足二甫。高赀贾人，冶铸盐䒴，曾不名尺寸田。[3]

[1] 山西省政协《晋商史料全览》编辑委员会：《晋商史料全览》家族人物卷，山西人民出版社2007年版，第292~293页。
[2] 《钦定续文献通考》卷二十，文渊阁四库全书本。
[3] 万历《泽州府志》，李维桢序。

在明代，泽潞一些著名的大商人都是通过盐铁贸易发家的。世居阳城郭峪村的商人王重新借铁和盐两项生意起家，专门经营长芦盐和阳城铁货贸易，"七岁而孤，年十四即挈父遗橐行贾长芦、天津间，俯拾仰取，不数载遂至不訾。因不复身贾，其所用人无虑千数百指，皆谨奉诚无敢欺，所著《货殖则训》甚具"[1]。明末高平唐安人冯春"弃书综米盐布帛之事，公饶心计，权子母，征贵贱，仍遣鬻盐铁于瀛沧之间，不数载赀渐裕"[2]。

除盐、铁制品外，本地生产丝绸也是沁河流域商人获利最多的行业。

"西汉以来，山西夏县以至潞泽一带，农户中栽桑养蚕、缫丝织帛已很普遍。"[3]唐宋时期，潞绸业逐渐孕育，"河东土产，菜多于桑，而长宜麻，专纺绩布"[4]。潞绸因质量上乘、花色鲜美，获有"西北之机，潞最工"、"潞绸衣天下"的美誉。明清以来，沁河流域的河谷地带逐渐发展成为山西最大的蚕桑养殖地区，充足的蚕丝货源使高平、泽州、阳城、沁水等地相继出现了手工缀丝作坊，此时潞绸泽绸已与江宁、苏州、杭州绸缎齐名。据文献记载：

> 乾隆三十六年（1771），山西凤台、高平二县为新疆伊犁、乌什等城贸易所需，织办的一百二十匹双丝泽纳中，便各办解宝蓝色细十匹，元青色细五匹，石青色五纳，棕色细十匹，灰色细十匹，酱色纳十匹，古铜色细十匹。[5]

---

[1] 王小圣、卢家俭：《古村郭峪碑文集》，中华书局2005年版，第237页。

[2] 顺治《高平县志》卷三，线装书局2001年版，第23页。

[3] 政协山西省高平市委员会：《高平文史资料》第8辑《高平晋商史料》，2007年，第52页。

[4] 政协山西省高平市委员会：《高平文史资料》第8辑《高平晋商史料》，2007年，第52页。

[5] 档案《为勒办辛卯年新疆为细缎以备需用事》（乾隆三十五年六月十九日）昂宝题。

从档案材料中，可以看到双丝泽纳的匹数、工价费用、宽度、长度、重量等的记载。乾隆年间，由晋省备办的双丝泽纳不仅花色品种繁多，而且织工精细、质地上乘，故运至新疆后深受哈萨克等兄弟民族欢迎。

清代乾嘉年间的高平牛村李家就是以丝绸起家的商贾大户。据李氏后人李全瑞讲，其先祖曾在绥平、武汉等地经营丝绸生意。清末至民国年间，李家渐次衰落，生意倒闭，李氏后人李宝善已由东家变为伙计，在驻马店义庄刘姓东家丝绸店学贾经商。现存实物，有李家大院和李化南捐职布政司理问的圣旨。[1]

此外，明清时期沁河流域的众多商家中，不得不提到一位著名的晋商，即现高平市东南四十五里地的石末乡侯庄村赵家。明朝中期，赵家先祖（名字不详，赵家后人称之为"发财老爹"）在当地以打铁为生，并以肩挑贸易串游四方，经年累月，后在江苏海安镇落脚。海安地理条件优越，南北有运河之利，东边濒临黄海，农、渔、盐业兴旺发达。由于造船需要大量铁钉，农民、渔民、盐工亦需大量铁制工具，赵氏夫妇凭借着自己在煤铁之乡学习来的高超打铁手艺，在海安开了自己的生意字号，开始专营铁业。同时兼营老家石末镇御褒祖传膏药以及当地的土布等，后又向南发展到如皋县城，经营酿醋和日用杂货生意。赵家是由经商成为巨富的，其经商历史长达四百年之久，始自明代，兴盛于明末清初，在晋、豫、皖、苏、浙的广大地域内开辟有市场，曾经垄断两淮地区六个州县的盐务达一百五十年之久。[2]

在清嘉道年间，赵家工商字号发展迅猛，高峰期时多达一百○八个。其分布情况大致是：在山西，以赵家世居侯庄为中心的有高平县的米山镇盐店、当铺，石末镇当铺、银楼，侯庄本村的杂货店、木油漆作坊，陵川

---

[1] 山西省政协《晋商史料全览》编辑委员会：《晋商史料全览》家族人物卷，山西人民出版社2007年版，第265页。

[2] 山西省政协《晋商史料全览》编辑委员会：《晋商史料全览》家族人物卷，山西人民出版社2007年版，第267页。

县附城镇的淮兴盐店、淮兴槽坊、淮兴面店、淮兴染坊，壶关县城的盐店，晋城县鲁村的当铺、烟坊，高都镇的当铺，长治西火镇的盐店，荫城镇的烟坊等处。

在河南省，以薄壁镇为中心的有辉县薄壁镇山货行、峪河口水磨面粉厂以及开封、周家口等处。

在安徽省，以寿州为中心的有淮北和寿州、六安、马头等多处盐务。

在江苏省，以掘港镇为中心的有海安铁业杂货店，如皋县掘港镇的赵永升酒醋坊，如皋县杂货店，启东县酱菜厂、丝绸厂、皮革厂，天生港杂货店、旅店，淮安的杂货店，徐州的杂货店，苏州和扬州的丝绸厂、丝绸行等。

在浙江省，以温州为中心的有温州南货行、丝绸店等。[1]

在《高平县志》中这样记载：

> 清代，本县在外经商者甚多，仅在河南新乡一带开设店铺的就有二十多户，侯庄赵家在清初经商发迹后，代代相继，辈辈兴隆，至清光绪年间，该户从高平至扬州，沿途共有商号百余家。[2]

当年沁河流域各县这么多人外出做生意，他们留给家乡的是什么呢？是房子，是大片的豪华宅院。现在沁水、泽州、阳城等地有多少家大院民宅基本保存完好没有人做过完整统计，只是用数量巨大来代替。使人感到可惜的是，现在的大院民宅多已无人居住，且破旧不堪，只能任由其随着岁月的流逝而自行毁灭。

---

[1] 山西省政协《晋商史料全览》编辑委员会：《晋商史料全览》家族人物卷，山西人民出版社2007年版，第269页。

[2] 《高平县志》编委会：《高平县志》，中国地图出版社1992年版，第215页。

5. 商人与大院

> 欢欢喜喜汾河湾，
>
> 哭哭啼啼吕梁山，
>
> 和和美美晋东南，
>
> 死也不去雁门关。

　　这个地方民谚生动地说明了山西不同地区人们的生活状况，而山西民居则为上述民谚提供了有力的佐证。在山西民居中最富观瞻性、最华丽的要数晋东南一带的老宅院了，而晋东南的老宅院则多集中在沁河流域的沁水、阳城、泽州、高平四县市中。

　　明清时期沁河流域手工业、商业发达，有润城镇、郭壁镇、窦庄镇、端氏镇等著名集镇，繁荣的商业造就了一大批手握重金的财主、商贾，如郭峪的王重新、下庄的李思孝等，都是商行千里、富甲一方的乡绅。史载："平阳、泽、潞，豪商大贾甲天下，非数十万不称富。"[1]阳城县郭峪镇王海"筑郭峪城砦，输七千金以济"[2]。白巷里白胤谦的祖父"累致千金，田千亩，童仆指累百，羊牛角蹄千，与大司空（白所知，官至工部尚书）伯仲"[3]。凤台县楸木山庄王氏家族王璇"康熙辛未，蝗为灾，璇输钱数十万"。王璇次子王廷扬"归，适郡邑旱歉，运谷数千石"。"雍正元年，太原等郡饥，廷扬复蠲银八万助赈，计部亦言廷扬在长芦蠲银十万佐军需。"[4]乾隆年间，河南洛阳修建关帝庙时，参与捐赠的泽潞地区商人及商号二百二十五家，捐资叁万陆仟贰佰贰拾肆两八钱。[5]

---

[1]　[明]沈思孝：《晋录》，商务印书馆1936年版，第3页。

[2]　《泽州府志》卷365"人物·节行"。

[3]　《泽州府志》卷365"人物·节行"。

[4]　《泽州府志》卷365"人物·节行"。

[5]　洛阳市文物管理局、洛阳民俗博物馆编：《潞泽公馆与洛阳民俗文化》，中州古籍出版社2005年版，第23~25页。

　　明清两代，沁河流域的巨贾、财主与所有的晋商一样，在发财后都会选择衣锦回乡建造豪华宅第，这反映了中国人内心深处的文化本质，即对故土的深厚感情。正如林语堂所说："让我和草木为友，和土壤相亲，我便已觉得心满意足。我的灵魂很舒服地在泥土里蠕动，觉得很快乐。当一个人悠闲陶醉于土地上时，他的心灵似乎那么轻松，好像是在天堂一般。事实上，他那六尺之躯，何尝离开土壤一寸一分呢？"此言一语道破了埋藏于中国人内心深处可触动灵魂的情感——故土情结。传统中国社会是一个农业社会，经济形态是以一家一户为基础的小农经济，这就使百姓被牢牢地拴在土地之上，他们以土地为根本，希望从土地上获得生存的粮食与空间，因此，安土重迁成为千百年来中国人不变的生活状态。《柳氏重修继志堂碑记》中记："明嘉靖年间，世祖柳逢春……资产充足，产业阔大，始亲置南山东川山场庄田。"

　　在江南拥有一百〇八座店铺的高平石末赵家，在鼎盛时同样在家乡广修宅邸，经过前后二十年的不断扩修，最后的赵家院定格在了十八院。

　　赵家十八院包括东西牛屋院、大小账房院、书房院、牡丹院、厅房院、内宅院、高楼院、五个作坊院、厨房院、仓房院、后院，再加一个面积很大的花园院。院院相连，楼楼相通，各院有各院的特色。书房院全是两层的楼房，这里应该是供东家子弟读书的地方。

　　大小账房院其实是大门和二门之间的过道院，账房先生就在这里总揽赵家全部的生意买卖。

　　牡丹院是东家住的地方，

赵家院大门楼

因为院中花池栽有牡丹，故名牡丹院。

厅房院是东家举行盛大的庆祝活动和宴请贵宾的地方，院内石砖上有菱形的白色岩石，中间还有小孔，均匀分布在东西两面。正屋的青石廊界上搭台表演，主要宾客在东、西、南屋的阁楼上就座，院内宾客可相互推杯换盏，相互交流生意经。

内宅院，也称绣楼院，同样是二层楼房，只是上层是封闭的暖阁绣楼，也就是世人所说的"深闺"。

还有大小厨房院、高楼院、花园院和下人们住的作坊院，包括木匠院、铁匠院、油匠院、张罗院和粉坊院等，从院落的排布上就可看出封建等级森严，尊卑有序。[1]位于晋城市区西南三十二公里处的泽州县李寨乡陟椒村有一处刘家大院，据该村村委主任郭善余说，刘家先祖是商人，清代中叶，在本地和河南、安徽等地经营铁货、手工业品、山货、日用品等。有一年，豫东、淮北一带瘟疫流行，刘家贩往当地的红果因治病救人赚了不少钱，从此，生意越做越红火，店铺越开越多，据说，仅安徽的亳州刘家的店铺就占了一条街，晋城的黄华街也有刘家一半家产。经商发家的刘家祖上，四处聘请能工巧匠，在村中大兴土木，广置住宅。经过清乾隆至道光近半个世纪的苦心经营，在陟椒村，最终形成了

刘家大院

---

[1] 政协山西省高平市委员会：《高平文史资料》第8辑《高平晋商史料》，2007年，第113页。

十八座形制独特、规模宏伟的商家大院。[1]

刘家大院坐落在陟椒村的南山脚下。由北望南，高墙林立，古朴壮观，整个大院均在青石砌成的台基上。不仅每个院落的大门前为青石台基，而且整个院落全是青石墁地。大院的工程建造者，还巧妙地将各个院落以南北走向的甬道和横穿东西的胡同连接起来，布局严谨，结构巧妙。

由南北甬道往东，是紧密相连的"守乾畅"、"敦素居"两处棋盘式大院。这两处院落，为一进两院式格局。其中，"守乾畅"大院保存较为完好。沿门洞数十级青石台阶而上，迎面为砖雕垂柱，上刻花鸟虫兽。两旁还刻有一副对联："心田种德心常春，福比安居福自多。"表现了房主人养心积德、居安思福的愿望和追求。第一院落之北房为七间二层楼，东西三间为上下两层的出檐楼房，其门框和窗棂的木构件制作十分精细。中间过门，额上写着"聿修厥德"四个大字。过门里面为木制屏风，青石门栏。[2]

在甬道的中轴线西侧，是挹之居、书香第以及大院东西胡同以南的绣楼院，这是几处标准的北方民

敦素居

挹之居

---

[1] 山西省政协《晋商史料全览》编辑委员会：《晋商史料全览》宅院卷，山西人民出版社2007年版，第103页。

[2] 山西省政协《晋商史料全览》编辑委员会：《晋商史料全览》宅院卷，山西人民出版社2007年版，第103页。

李家宅院

居四合院。绣楼院是刘家大院中建筑最为考究、至今保存最为完整的一处院落。该院大门开于西北处，大院的南北四房均为二出檐楼，北房和南房的一层全是木制隔扇门窗。过廊有木柱支撑，下设圆形石柱础，柱头雀替为八卦图，楼栏、窗棂花格精美无比。在院的西南角，为建筑精致的三层绣楼，是观景赏花的地方。[1]

高平边家沟李家是清初以织造起家的商贾大家，商号设于河北、山东、江浙等地，至民国年间，在本地还有商号。[2]李家宅院大小约有十余个院落，有庭房院、小场院、牛屋院、浆房院、前院、书房院、窑楼院、油房院、麻地院等。据花梁记载，这些房屋院落大多是清乾隆、嘉庆年间修建。边家沟村高低不平，李家宅院因地制宜，以李家老院为中心，随地势而建，弟兄四家的房屋，主要分布在老宅院的东、西、南三面。

老院位于书房院西面，地势平整，为三合院，东南出入，南开大门，从其名称和建筑特点看，为清代早期建筑，保留着很多明代遗风，是李家现存最早的院落。老院的东南方为前院，三合院形式，该院修建时间为清晚期。厅房院建在李家老院东面的高地，在现存李家建筑中，规模最大。该院为两进院，大门正南开，进大门是前院，有东西楼房各五间，正北进二门是里院，三合簸箕院，北堂房为厅房，高三丈多，东西十二米，前有檐廊，建在

[1]　山西省政协《晋商史料全览》编辑委员会：《晋商史料全览》家族人物卷，山西人民出版社2007年版，第289页。

[2]　山西省政协《晋商史料全览》编辑委员会：《晋商史料全览》宅院卷，山西人民出版社2007年版，第108页。

青石砌成的一米多高的石基上，檐柱为四根砂岩石方形大柱，青石柱础，上面枋梁斗拱，雕梁画栋。正面明间和两次间是四樘一组的大隔扇门，整个大厅气势恢宏，富丽堂皇。厅房两侧为耳楼，各两间。东西楼房各三间，为四梁八柱结构。整个大院，配以建筑精美、雕刻华丽的檐廊式二大门，处处显示着豪商巨贾的富有和豪华。[1]

厅房院南面是浆坊院、碾坊、磨坊，西面是书房院。书房院是南北长、东西窄的四合院，该院建筑精致，严实封闭。在村西面有小场上院，建筑年代仅较厅房院迟，为乾隆末年和嘉庆初年建筑。上院前后左右共四进，中间首后两进为主院，正南大门。进檐廊式大门为前院，三合小院形式，东西各三间，正中为过厅，里院为四合院，北堂房依高土崖而建，为前房后窑式两层建筑，两边为耳楼，东耳楼二间，西耳楼一间，楼房门面下层进去就是青砖券砌的窑洞，弯曲一向东北方拐，深有几丈，为贮藏室。东北风口有小门，出去为一偏院。西面也有一院，有小门相通。窑楼院为四合高楼院，该院也是依土崖而建，东、西、南三面为楼房，正北为窑楼，因此该院又称窑楼院。窑楼正面为门窗齐全的房屋，入内为青砖顺樘券拱的大窑洞，深有十米，分三开间；宽约六米，足两开间。该窑高大，分上下两层，中间木构，三间七檩，冬暖夏凉。[2]

沁河流域民居之所以质量好，是因为从明朝起，许多当地人外出经商，致富返乡后，便在自己的故里纷纷大兴土木，营造住宅，他们与当地的官宅、堡寨一同构建起沁河人的历史文化。老宅院主要的房屋都是单坡顶，外墙高大，雨水都向院子里流，也就是传统商人所信奉的"肥水不外流"。老宅院中亭台楼阁、假山花园、木石精雕，门楣、窗花的图案别致多样，凭借有数层楼高没有窗户的实墙将内宅隔成一个与外界孤立的空间，在明末清

---

[1] 山西省政协《晋商史料全览》编辑委员会：《晋商史料全览》宅院卷，山西人民出版社2007年版，第109页。

[2] 山西省政协《晋商史料全览》编辑委员会：《晋商史料全览》家族人物卷，山西人民出版社2007年版，第289页。

初，这些墙体高大厚重的建筑有力地防御了各类战乱，成为人们躲避战乱的世外桃源，与院内装饰搭配形成一种外动内静的神韵。这里院落多为东西窄、南北长的长方形形状，布局分区明确，尊卑有序，院内栽植花木，又显得格外华丽，形成安静闲适的居住环境。一些老宅院既有宫廷艺术又有西洋建筑的装饰，有的砖墙、门窗装饰呈拱形，中西合璧，体现了明清社会的时代特征。简而言之，那一幢幢的老宅院本身所记录的不单单是建筑物具有的辉煌，更有其背后的人文历史。

二、庭院深深：官之宅、商之居

1. 传统文化与官宅

中国传统老宅院讲究建筑要与自然环境的相互协调，追求"天人合一"的文化境界。传统文化中的风水学是这一文化境界在社会生活中的实践，它反映了中国古代的环境哲学和生态思想，体现了传统社会中的规划原则，具有传统文化的整体性特征。风水学俗称阴阳，雅称堪舆，其理论体系认为，住宅或坟地周围的山地水流等形势，能为住者或葬者的家人带来祸福。《尚书·召诰》记载："成王在丰，欲宅洛邑，使召公先相宅。"这是相阳宅。《孝经·丧亲》里有"卜其宅兆而厝也"之记载，这是相阴宅。因此在传统社会中流传着"贤才的产生有着风气的养育"之说。其意指某家如能得到一处好的风水，必定家和万事兴，阳宅、阴宅的风水与一个家族的兴衰有很大的关系。

由此可知，中国传统古建筑与传统文化一样，是一脉相传的，其在易学、五行学、儒学、道学、地理学等经典学科的基础上，形成了独具一格的建筑文化体系，传统建筑体现了中国的传统文化，同时又延续、传播、丰富了传统文化，二者紧密结合，相互影响。

明清时期沁河流域的深宅大院，不仅反映了当地的建筑水平和人们的生活方式，而且也是古代政治、经济、哲学、伦理、文化、艺术乃至风土民情的一种凝结与折射，体现出中国传统文化的内涵。

位于沁河流域的窦庄村，现隶属于沁水县嘉峰镇，西距沁水县城五十公里，是以窦氏、张氏家族聚居为主的村落，窦庄选址在沁河西岸一块宽阔的河谷平地之上，西依百里榼山，其余三面环水，遵循风水学中负阴抱阳、背山面水的原则，形成人文与自然和谐统一的环境。

窦庄始建于北宋，其祖先左屯卫大将军窦璘为避战乱，由陕西扶风迁徙到端氏县（现沁水县），其后人"遁迹畎亩"便定居于此地。据窦庄村《窦氏家谱》记载：

吾氏家乘，自汉讳广国至宋讳璘，始祖而上，原祖贯本扶风

平陵韩所，谱者，皆扶风平陵人也。自不为无考，然而远矣。即
所载汉（沂）国公，因宦不返流，寓河东泽州端氏县窦庄村。讳
贞固者，今亦无考，唯村西及卧牛山下碑碣翁仲等岿然而存者，
为三大将军墓，则吾氏奉讳勋祖为始祖，固于礼为甚洽也。[1]

又据现存清代康熙年间窦斯撰写的《窦将军墓碑》记载：窦氏"始
祖讳璘，字廷玉，宋哲宗朝以女肃穆夫人贵，赠左屯卫大将，配祖妣罗
氏，赠宜春郡太君。初居本县端氏镇，后赐葬于此，子孙依家而居，遂
家焉"[2]。

据上述文献可考，端氏窦璘的女儿被宋哲宗纳为妃子，即肃穆夫人，她
十六岁入宫，三十余年，勤劳恭顺，禁掖保辅。因肃穆夫人有功，窦璘被封
为"左屯卫大将军"，窦璘的兄弟和侄子也都被赐予不同的封号，其家族在
朝为官者几十人。窦氏因此荣耀乡里，逐渐成为当地显贵，此时的窦氏家族
"簪绅辉耀闾里之间，一时为盛"。窦璘死后，宋哲宗亲赐墓地于"沁湍之
上，榼嵩之旁"的卧牛山下，窦家便在墓地东侧择地建房盖屋，以八卦布局
营建村庄宅院，街巷以五行生克确定走向，以求万世永昌。

在卧牛山下的瓮水滩，窦氏划曲堤村给张姓家族为其守墓，同时在
坟旁"有栱其木，有盘其冈"，而作为守墓人的张氏也沾其阳宅之运，
在窦氏祖茔旁边修造了两个宅院，张姓从此世居此处。窦氏是窦庄最早的
主人，然而真正使窦庄扬名天下的，却是守墓的张氏家族。元代以后，窦
氏族人衰落，而守墓人张氏却得到阴阳风水的福泽，逐渐兴隆起来。明万
历二十年（1592），张五典考中进士，第二年升为户部江西司主事。万历
二十九年（1601），监管天津仓场。万历四十年（1612），又升迁为河南

---

[1]　［清］窦斯在：《窦将军墓碑》，参见田同旭、马艳主编：《沁水历代文
存》，山西人民出版社2005年版，第280页。

[2]　［清］窦斯在：《窦将军墓碑》，参见田同旭、马艳主编：《沁水历代文
存》，山西人民出版社2005年版，第280页。

副使。天启元年（1621）升任太仆寺少卿、南京大理寺卿等职。窦庄现存有张五典的儿子张铨的坟墓，表达着乡人对忠烈义士的崇敬。张铨是万历三十二年（1604）进士，长期担任御史一职。天启元年，张铨转任辽东巡按使，与围攻辽阳的后金兵苦战三日，城破被俘后拒招降，被害殉国，后来明政府追封他为兵部尚书，谥号忠烈。张铨遗留有《皇明国史纪闻》一书，是研究明史的重要资料。张铨之子张道浚，字深之，诏赠锦衣卫指挥佥事，后升都督同知，著有《丹坪内外集》、《奏草焚馀》、《兵燹琐记》、《从戎始末》等。[1]

张氏家族自万历二十年（1592）张五典中进士入仕后，书香传家，人才辈出，十代不衰，其势力已经超过了窦氏家族。据光绪《沁水县志》载，明清两代窦庄张氏家族有六人中进士，十五人中举人。时至今日，村民们闲聊窦庄历史文化时，他们无一例外提到了风水为张氏家族带来的福祉。

沁河流到窦庄，转了个S形的弯儿，这个村子于是就三面环水，一面靠山。背山面水，前脸空阔，河谷地土壤肥沃，便于耕种，成为极佳的风水宝地。窦庄所靠之山即为沁河流域著名的榼山。榼山之名源于传

榼山

[1]　《沁水县志》编纂办公室编：《沁水县志》，山西人民出版社1987年版，第514页。

说，"传说黄帝有二子，分别名榼名嵬"[1]，榼山即是以黄帝儿子榼来命名的。

> 榼山者，以形似酒榼而名之者也。松柏连山负冈，郁郁弥望，而梵宇琳宫、崇楼杰阁又相与掩映其间，叠秀贡奇，应接不暇，在阳、沁两县最为胜处……[2]

《沁水历代文存》中有唐代无名氏的一篇碑文，记载了这样一个传说：北魏初年，有一高僧坐化于阳城端氏两县的交界地，阳城人想抬回阳城找地方建塔埋葬，端氏人也有这个想法。阳城人先去抬这个坐尸，却重得纹丝不动，抬不起来；端氏人去抬，轻飘飘地抬起来就跑了。抬到榼山，山仿似受了感动，自然流出乳漆。乡人赶紧用这种乳漆去漆这位高僧的尸身，刚漆完一遍，漆就断流了。乡民们修建砖塔，在榼山安葬了这位高僧。张五典曾专门吟诗描写榼山。

画廊记

在山之阳，

灵气氤氲。

每多云雾，

朝霞暮霭，

变化千出。[3]

沁河像一条银色飘带缠绕着榼山，使榼山松树柏树，林木葱茏，弥

---

[1] 田同旭、马艳主编：《沁水县志三种》，山西人民出版社2009年版，第429页。

[2] 贾景德：《印斗坪先茔记》。

[3] 田同旭、马艳主编：《沁水历代文存》，山西人民出版社2005年版，第428页。

漫茂密，而从沁河远望楒山则像一支大大的碧玉簪。楒山的孤山峰迤逦向南，延伸出一条山梁，像秀才的毛笔头，当地人叫文笔峰。陈延敬曾专程慕名考察楒山文笔峰的风光，并留诗一首。

宿楒山寺天外楼

只林回望沁流明，数里深山到渐平。

翠柏不随双鬓老，白云常共一身轻。

高峰月上僧初定，乱水风多鸟自惊。

新桂旧松青未了，半生难问况三生。[1]

一位精通风水的当地百姓还谈到了距离沁水县城二十五公里的西文兴村柳氏老宅院。柳氏老宅院依山而建，西高东低，举目南眺行屋拱翠，挥手东指三台左抱，侧身西观九岗右环，回首北望鹿台挺秀。村里有一块明朝石碑上也记载着村四周的状况：

> 环吾乡皆山也，出自太行地，北有鹿台蟠回，高出诸峰。南应历山驰奔云蠹，倚空向出者，千峰碧苍翠。东曲陇鳞鳞，下临大涧。西山隆沃壮，似行而复顾，或曰伏虎山，或曰凤凰岭。[2]

这在风水学中谓之"环山居"。即旺山旺向局，旺丁旺财局，凡在此建宅则一定是"得福地者必为福人所居"。

柳氏老宅院为典型的明清庄园式建筑。居所选址有一项非常重要的因素，便是"风水"。风水的基本理念是藏风聚气，在环境的选择上一般考虑三个主要方面，即：觅龙、察砂、观水。"龙"指靠坐的山脉，"砂"

---

[1] 《沁水县志》编纂办公室编：《沁水县志》，山西人民出版社1987年版，第670页。

[2] 王良、潘保安主编：《柳氏民居与柳宗元》，中国文联出版社2004年版，第66页。

指主山脉四周的小山，"水"指河流。综合以上几个方面的因素，通常意义上的理想环境应该是：背后有祖山、少祖山，面前有朝山、案山，左右有大小连绵的几层山，叫护砂或左辅右弼，前面最好还要有"腰带水"环绕，形成一处山环水绕、负阴抱阳、背山面水的相对闭合的空间环境。柳氏老宅院靠山面水，溪水从村前流过，水走眠弓，符合古人"气乘风则散，界水则止"的风水理论。这种依山傍水、眠弓水绕的风水格局，是柳氏老宅院的得意之处。[1]村里现存的《魁星阁新建记》石碑上也这样说：

> 文兴村，沁南胜地也，由鹿台发源，迤逦十数里而山势蟠结，九冈西绕，三台东护，东南尖山远拱，正当文明之方，堪舆家争称之：吾柳氏族世居之，最蕃且盛，岂非钟斯然哉。

看来文兴村柳氏对这块风水宝地还是中意的。

> 柳府规模宏大，门庭森严，就连其阴宅也建造得富丽堂皇，不同寻常。柳氏明清古墓群位于西文兴村北约1.5公里处的老坟沟，为传统堪舆学中极具特色的"金龟探水"形奇穴。其来龙绵延起伏，宛若行龙；去脉卓笔牙旗，印案相宜；左右龙砂、虎砂呼应；骑龙点穴，二龙吐珠；壬山丙向，水归乙辰巽巳；明堂开阔，可容万马奔腾，柳府祖茔可谓占尽风水。可惜盗贼无德，已将所有墓穴洗劫一空，却是柳氏先祖所始料不及。现在，柳春芳墓已对游人开放。石雕斗拱，牌匾楹联，"六韬"、"武库"、"三略"、"养精锐"、"蓄经伦"，宛如地下人间。[2]

[1] 王良、潘保安主编：《柳氏民居与柳宗元》，中国文联出版社2004年版，第82页。

[2] 王良、潘保安主编：《柳氏民居与柳宗元》，中国文联出版社2004年版，第94页。

明清以来，沁河两岸的许多村庄所出的进士、举人数之不尽，这和沁河水的灵气与两岸山的伟岸有直接关系吗？时至今日，沁河两岸村落在宅院、坟茔的选址上还颇有讲究，大家无一例外都非常重视风水，他们相信风水力量的存在，而与沁河水流向一致的洞阳山（岳神山）、仙翁山等山系则为当地人看好的泽被之地。

康熙年间阳城县陈延敬曾专门作了一首《洞阳山》（岳神山）的诗，诗中纵览沁河两岸的神山，称洞阳山既具有龙形，又具有龙性：

> 我家太行尽处村，蛟龙欲落留爪痕。
> 蜿蜒腹背故隆起，振鳞掉尾如雷奔。
> 波涛隐现吞万壑，似览众水穷河源。
> 古称上党天下脊，兹山拔地尤腾骞。
> 俯视砥柱一卷石，析城王屋双杯樽。
> 颇讶大禹所经画，足迹未到回南辕。
> 径下河济急疏瀹，北顾参井高莫扪。
> 乃知龙性跃天汉，肯同蝘蜓尺水浑。

清末进士、原国民党行政院副院长贾景德在他撰写的《印斗坪先茔记》一文中，有这样一段文字：

> 阳城、沁水之间有两山焉，皆奇峰特起，高出云表，为众山祖。东名岳神山（即洞阳山），其落脉处，上为沁水之端氏镇，下为阳城之润城镇。西名仙翁山，其落脉处，上为沁水之下韩王村，下为阳城之下伏。沁河蜿蜒流其中，山水明秀，自有明以来数百年于兹，文儒学士、显人达官掇巍科、光史乘者踵相接而项背相望。余尝登仙翁山绝顶，天风飒飒吹衣袂。下视，则支分条贯，脉系分明，如巨鸟之伸其爪趾。

　　岳神山（即洞阳山）属太岳山系，主峰海拔1185米，峰高崖陡，自沁水县城东南部端氏镇一直延伸至泽州润城，其支脉遍布四方，山形走势与沁河一样散发着仙灵之气，滋润着沁水、高平、阳城、泽州的土地。所以，明清以来沁河两岸科甲如泉涌，高官遍四方，泽润出一个个名震一时的才子俊杰。

　　沁水县湘峪村是离岳神山文运才思与沁河水钟灵毓秀最近的地方。雍正年间《泽州府志》记载：

　　　　岳神山，又名洞阳山。沁水县东一百二十里，接凤台界。高十余里，东北连老马岭，山麓为湘峪村。

　　湘峪村，原名相谷，位于山西省沁水县东南六十五公里的虎山脚下，这里青山环抱，溪水淙淙，背洞阳山，临湘峪河，依山傍水，群峰环绕，靠山雄壮，朝山层叠，自古有"十山九回头，不出宰相出公侯，辈辈出诸侯"的说法。观其脉东临瀑布，西靠虎山，南山藏龙，北山栖凤，其"山"二龙戏珠，其"水"五龙相会，故名湘峪。湘峪村从明代到清代出过九位进士，举人、秀才不计其数。其中，户部尚书孙居相（万历二十年进士）、御史都堂孙可相、四部首司孙鼎相三兄弟同朝为官，湘峪因孙鼎相府第"三都堂"而得名"三都古城"。

　　孙居相，字伯辅，是孙氏四弟兄长子，生于明嘉靖三十九年（1560），天资聪明，二十八岁中举人，三十二岁中进士，三十三岁任山东恩县知县。任知县期间，颇有政绩，物阜民安，庶务毕举，并主持编纂了《恩县志》六卷。三十九岁任南京御史，后任光禄寺少卿、太仆寺少卿、右佥都御史，兵部右侍郎。其二弟孙可相曾任七省巡抚、御史都堂。[1]孙鼎相在孙氏兄弟中排行第三，字叔享，生于明嘉靖四十三年

---

[1]　《沁水县志》编纂办公室编：《沁水县志》，山西人民出版社1987年版，第513页。

（1564），万历十九年（二十七岁）中举人，三十四岁中进士，授南直隶松江府推官。四十岁升任工部营缮司主事。之后，任兵部武选司主事、礼部主客司主事，吏部稽勋司员外郎、光禄寺少卿、太常寺少卿、巡抚湖广，提督军务，兼都察院右副都御史等职。[1]

古人护佑宅院仅建城墙高楼是不够的，他们往往还要请来各路神灵保佑。湘峪三都堂在其内外远近建有许多寺庙，内有上佛堂、下佛堂，西有东岳庙，山神庙，东建有张公庙、岳飞庙、鸿门寺、清心庵。沁河流域不仅神仙和庙宇众多，还演绎了一段大阳与渠头斗风水的传说。明清时期，大阳镇代代高官，商贾云集，生意兴旺，与其相隔不远的渠头村有"金渠头，七十二道栅八十二道阁，有衣不到渠头夸，渠头的大户金砖铺地"之说。大阳与渠头实力相当，为了各自的风水兴旺，渠头村就找来一个风水先生为渠头把脉，风水先生勘测了地形后，认为渠头似砚台，与渠头遥遥相望的大阳镇的大阳塔如同毛笔，蘸（占）了渠头的风水。风水先生让渠头人在村口修建了一处影壁墙正对大阳塔，墙上还画有一轮红日，寓意要将毛笔烤焦了。恰巧，一位嫁到了渠头的大阳镇姑娘听说了这个消息，连夜赶回娘家告诉了乡亲们。大阳找来了风水先生铸造了一口铁锅罩住塔顶，以保护笔尖不受侵害，还扣上了一个瓷瓮。直到今天，瓮破了，锅还在，如果天气晴好，站在渠头涂有朱砂的村影壁墙下，还可以清楚地看到约十公里外的大阳塔的塔尖。

"沁水长百里，灵气转高平。"沁河在晋东南谷地有众多的支流，同沁河一样，其第一大支流丹河散出的灵气也滋润着长平大地。大周村隶属高平市马村镇，原名"周纂镇"。据大周村武氏家谱中《周纂纪略》记载："后周时，曾遣大将杨纂以镇此地。地以人重，引以为名焉。"大周村北依黄花岭，西靠香山，南有掘山，东部为平地。村南百余米处有前河、沙河两条小河。清代《泽州府志》称其为"层山环

---

[1] 《沁水县志》编纂办公室编：《沁水县志》，山西人民出版社1987年版，第514页。

抱，曲水萦流；寨堡皆险阻之区，高平悉耕凿之地"。有学者通过对大周村外部环境的分析，认为村落的选址与传统风水格局十分相似，村北黄花岭是玄武，西侧香山为白虎，西南的山脉为护山，村南隔河而对的掘山为案山，前河与沙河分别于村前绵延流过。山可以"藏气聚气"，水可以"载气纳气"，这样就基本符合了风水理论中关于"藏风聚气"的要求。[1]

大周村现有人口约两千五百人，其中武氏为村中大姓。《泽州府志》载，大周百姓"淳而好义，俭而遵礼，勤于力田，多嗜文学"。大周村明清时期的官宦名家辈出，有程家、武家、刘家、琚家，这些望族的深宅大院至今古风犹存，独具特色，蕴藏着浓厚的乡土风情，凝结着历史的苍凉。而距大周村不远的古寨村、唐东村则是明朝两代进士苏民牧、陈璨的故里，古寨人苏民牧是明嘉靖年间高平"凤开先河"的九进士之一，曾任陕西布政使左参、户部侍郎等职，爱民如子，诤言不讳，口碑流芳百世。[2]唐东村万历进士陈璨系金代状元陈载后人，陈璨是明万历丁丑科三甲第一百四十名。清顺治十五年《高平县志·选举志·举人》载："陈璨，唐安，嘉靖甲子科。"《选举志·进士》载："陈璨，字子光，万历五年丁丑科进士，历任河南临颖县知县，南京行人司司副。"陈璨任职期间，多有建树，朝廷为表彰其功绩，诰封其父陈忠为"文林郎"。清顺治十五年《高平县志·纶恩志·褒封》记载："赠文林郎河南临颖县知县陈忠孺人庞氏，以子璨贵。"[3]

现存陈氏府邸系明代所建。陈氏府邸俗称"楼后"，也叫棋盘院，大院坐北朝南，由四座大小相等、布局一致的四合院组合而成，一条南北方向的过道将四个院落分为左右两部分，四个院落均向过道开门，从高

---

[1] 薛林平、刘思齐、刘冬贺：《沁河中游传统聚落空间格局研究》，载《中国名城》，2010年第10期。

[2] 《高平县志》编委会：《高平县志》，中国地图出版社1992年版，第355页。

[3] 《高平县志》编委会：《高平县志》，中国地图出版社1992年版，第355页。

处看，这过道如同"楚河汉界"，整个院落犹如巨形棋盘，故称"棋盘院"。左前院的门匾上刻着"读与耕"三个字，源自"承前祖德勤和俭，启后子孙读与耕"的诗句，表现了先辈希望子孙勤俭持家、刻苦读书的愿望；右前院的门匾上刻着"颍川第"三个字，指出了家族祖上源于颍川陈氏，后代有不忘祖上恩泽的意识。门前的牌楼由两根石柱支撑，石柱间施以两块木构额枋，上枋有"赠文林郎陈忠"字样，下枋有"丁丑进士陈璨"字样。额枋上方连接斗科，形制为十三踩六翘四十五度斜拱平身科，牌楼斗科能达到十三踩六翘的在高平非常少见。斗科上有铁环，原悬挂一块"恩荣"大匾。牌楼内面额枋刻有"诰封文林郎陈忠"，彰显着父以子贵的殊荣。[1]

明代末年，流寇颇多，晋东南大户普遍兴建堡寨建筑。棋盘院亦具有防御功能，前后过道非常狭窄，两边为高大的砖墙，其尽头有一过街楼，楼上开一小窗，窗内的弓箭手可直对狭窄过道，倘若流寇入内，四个院落把门一关，真可谓"瓮中捉鳖"，流寇插翅难逃。棋盘院西南方一处院落为陈氏家族祠堂，据陈氏后人讲，祠堂原在村东吉红寨上，后迁至此。院内有康熙五十七年（1718）戊戌科进士冯嗣京撰写的《重修陈氏祠堂碑记》石碑。陈氏棋盘院形制结构完好，具有防御特色，是华北老宅院的典型代表，也是研究明代老宅院不可多得的实例。[2]

沁河下游与沁水县接壤的阳城县皇城村，是康熙年间一代名相、《康熙字典》总裁官、政治家、思想家、文学家陈廷敬的故乡。陈氏家族在明清两代，科甲鼎盛，人才辈出。从明孝宗到清乾隆（1501—1760）间的二百六十年中，共出现了四十一位贡生，十九位举人，九人中进士，六人入翰林。仅在康熙年间，居官者多达十六人，出现了"父翰林，子翰林，父子翰林；兄翰林，弟翰林，兄弟翰林"盛况，堪称北方的文化巨族。其中陈廷敬不仅做过内阁学士、工部尚书、刑部尚书、户部尚书、吏部尚

[1]　《高平县志》编委会：《高平县志》，中国地图出版社1992年版，第366页。

[2]　王广平、范永星主编：《文化马村》，金陵刻经处2010年印行，第85~86页。

书、文渊阁大学士等高官，还是当时名气很大的诗人。康熙皇帝写诗称赞他是"房姚比雅韵，李杜并诗豪"，说他的政治才能可与唐代名相房玄龄、姚崇争相辉映，文学成就可与唐代诗人李白、杜甫并驾齐驱。

陈廷敬的祖上原在距此不远的郭峪村居住，后来因为挖煤炼铁发了家，就在现在的皇城村另建宅院，并取名"中道庄"，现在"皇城相府"外城的城门楼上就嵌着"中道庄"的匾额。在"中道"持家的理念下，陈廷敬五世祖的堂兄弟陈天祐在明代嘉靖年间中了进士，完成了陈家从务农到挖煤再到书香世家的转变。

皇城村和与其相邻的郭峪村都位于沁河樊溪谷中，东隔樊溪有苍龙岭、史山岭，南有东峪岭，西有翱凤岭，北有摩天岭及可乐山支脉。数山及一水将整个皇城村和郭峪村四面围拢，是一个背山面水的理想格局。"负阴抱阳"、枕山临水、依山而筑是中国传统社会对于村、镇选地的风水原则。文昌塔坐落在东南角，在风水学中东南方（巽方）就是文昌位，文昌位高大，必出文官，这也是陈氏家族多代为官的标志之一。此外，皇城村和郭峪村还受到名刹龙泉寺的护佑，清乾隆年间阳城人王炳照（1743—1798）在《龙泉道中》云："楼危临涧直，塔回出林斜。望望龙泉寺，香灯忆结跏。"龙泉寺原名郭谷院。据《阳城县志》载，龙泉寺唐初已有僧人，创建年代最晚在隋代。据唐乾宁元年（894）徐纶于所撰的《龙泉寺禅院记》碑刻记载：

> 是院之东十数里，孤峰之上有黄砂古祠。时有一僧，莫详所自，于彼祠内讽读《金刚般若》之经。一日，有白兔驯扰而来，衔所转经文，厥然而前去。因从而追之，至于是院之东数十步。先有泉，时谓之龙泉。于彼泉后而止，僧疑之而感悟焉。因结茆宴坐，誓于其地始建刹焉。

龙泉寺建在华阳山九脉会合之处，在寺院北边的大雄殿后有一股泉水，水位很高，水量很大。泉水从一个巨大的龙口中"喷涌而出"，"其流汤汤"，泻入十角深潭，形成一道飞瀑，十分壮观，古称九龙回头。寺中有泉水"夏寒疑冰，冬温若沸，比镜莹澈，同醴甘香"。"海会龙泉"即因寺中的池沼湖塘都由此泉而派生，唐乾宁元年（894）十月二十五日，昭宗"遂降敕文，额为'龙泉禅院'"。宋太平兴国七年（982）三月初三，太宗又敕赐"海会寺"名额。所以龙泉寺，又名海会寺。

海会寺（张大伟拍摄）

　　在海会寺中，有一处不起眼的院落，被称作海会别院，是一所书院，又名"藐山方丈"，明末时，吏部尚书张慎言曾在这里读书讲学，并题写上述四字于门上，藐山乃是张慎言的号也。在明清两代，海会寺曾走出过一位大学士、三位尚书、几十名进士、几百名举人，在这些名人中有一半以上其家乡集中在海会寺周围的村庄。明清之际，阳城县"书馨四溢、旌旗一树"的十三个诗书世家中，这里就占到了七个。"郭峪三庄上下伏，秀才举人两千五"，这是一句在当地家喻户晓的民谚，民谚中的"三庄"，指的是上庄、中庄和下庄这三个紧密相连的村落，上庄的王氏家族一门五进士、六举人，阳城"十凤齐鸣"中就有"两凤"出自王家，嘉靖二十三年（1544）进士王国光更成为当地的代表人物，历任户部和吏部尚书，由他编撰的《万历会计录》是张居正推行"一条鞭法"进行赋税制度改革的依据，后来成为明清两代田赋的准则。海会寺内现存的一块碑刻还有王国光为修庙捐银五两和他堂兄王道捐银三两的记录。

　　上庄村是王国光的故里，位于阳城县东部，村落群山环绕，地势东北高西南低，沁河支流庄河从东北村口向西南流过，将山间谷地切分为二，地势北缓南陡。早期修建的老宅院均位于河流北岸的缓坡上，明清时期随着人口的增加，逐渐在南岸修建宅院。庄河涨水时期是村内一条重要的交通线路，沿河形成一条商业街，因此也称水街。滚水泉位于庄河中段，是古上庄人生活中重要的组成部分。《王氏家谱》记载：

> 偶尔于祖居北山之下，中溪林墅之所，口石取炭，得此渊源之水，不知其幽深所止。是时，辟地修渠，饮水暗流至上皑头。[1]

山西省建设厅编写的《上庄古村》中写道：

> 中国的宏观地形地貌呈西高东低走向，水自西向东流被视为自然法则。仅就此而言，自东向西流淌的庄河会被认为不合常理。
> 修筑水泉以前，村中祠堂以西没有合适的水可以饮用，直接影响到村落的布局。修建水泉之后，村落才开始逐渐兴盛。

后来，村庄又根据风水的习惯，在庄河流出的村落西南口位置，修建了一座城门形制的水闸，除了安全防洪外，还在风水上形成了水关，锁住了村内的文运财运，在村庄西南山坡又修建了白龙庙，以防水患发生。上庄村因明代天官王国光声名显赫，与之后的康熙导师陈廷敬所在的皇城相府、四部首司孙居相的湘峪古堡等齐名，成为沁河流域几处著名的官宅府邸家族村落之一。

砥洎城

---

[1] 薛林平、刘烨等：《上庄古村》，中国建筑工业出版社2009年版。

沁河水继续南下，在砥洎城转了一个圈，砥洎城便又出了一城三进士，官做得最大的是陕西巡抚张王春，学术成就最高的是张敦仁。张敦仁于乾隆四十年（1775）中进士，当时只有二十岁。以后为官江南，多有政绩。作为清代国家级的大学者，是清代数学领域成就最大的数学家之一，在历史、文学方面也有很深造诣。张敦仁著述等身，他的《辑古算经细草》、《求一算术》、《开方补记》等数学理论在中国数学史上有不可磨灭的功勋。

堪舆，即风水，是伴随着中国传统建筑文化应运而生的一种理论思想。沁河流域的老宅院大都处于理想的居住宝地，朝向合乎有山有水"负阴抱阳"的堪舆形势。在风水学中，山主人丁兴旺，水主财源茂盛，对沁河与其两岸的山脉，当地人留有"十贵十富"说法：

一贵青龙双拥，二贵龙虎高耸；
三贵嫦娥清秀，四贵旗鼓圆峰；
五贵砚前笔架，六贵官诰覆钟；
七贵圆生白虎，八贵砚笔青松；
九贵屏风走马，十贵水口重重。

一富明堂宽广，二富宾主相迎；
三富龙降虎伏，四富朱雀悬钟；
五富五山高耸，六富四水归堂；
七富山山转脚，八富岭岭圆丰；
九富龙高虎抱，十富水口关锁。

如果把沁水县作为老宅院的龙头，那么泽州城就是龙尾了。从沁泽两地方圆百里走出的许多沁河人成为明清两朝政治舞台上的重要人物。同为沁河人，受一方水土的养育之恩，他们在思想、文化、生活上有着许多共同的理念，且以此互结连理。坪上的工部尚书刘东星先后担任漕运总督、工部尚书，与三十里外阳城上庄的户部尚书王国光结为儿女亲家；中道庄的陈廷敬是上庄王国光的孙女婿。窦庄张道浚因带兵回援乡梓受到他人谗陷，时任巡抚的湘峪人孙鼎相为张道浚请功；刘东星与明末著名思想学、文学家李贽交往极深，李贽曾不远千里来坪上刘东星家中客居，他与利玛窦的结识也是刘东星引见的……沁河人在回望祖先时都会为他们的才干和智慧而自豪，他们为千里沁河谱写出了一曲华丽的历史乐章。

中国的老宅院素有"北在山西，南在安徽"之说。山西人以善于建房而著称，他们十分重视盖房，盖房的目的不仅是要为子孙后代留下房产，而且是要传承特有的传统文化观念。《论语·子张》中讲："仕而优则学，学而优则仕。"两千余年来，"学而优则仕"作为以学致仕的信条被读书人奉行不渝。尤其是隋唐科举制度形成以后，"学而优则仕"的信条与科举制度融为一体，互为里表，成为学子生活的金科玉律。中国著名古建筑专家、清华大学教授陈志华在一篇文章中曾写道：

> 晋城的乡村，不论大小，在我初识它们的时候，很为它们的文化气息吃惊，许多村子都有文庙、文昌阁、魁星楼、焚帛楼、仕进牌坊和世科牌坊。[1]

郭壁村村内有乾隆二十二年（1757）修建的"行宫"阁。阁因庙而建，概为风水而设。"行宫"阁外，则有反映当地文脉气息的文昌阁、魁星阁等。柳氏老宅院外府区与柳氏祠堂并建的有文庙、圣殿、小学堂、纸帛楼；中部区则建有文昌阁、校场等。端氏古镇现在存有多处明、清两代八大古寺庙，其中文庙便坐落于镇的南方。

---

[1] 阎法宝：《走进太行古村落》序，中国摄影出版社2007年版。

在一些村落中，我们从许多老宅院的门匾上，依然可以体会到昔日鼎盛的文风，想象出曾经的科第繁华。沁水县窦庄村尚书府下宅张氏家族北院门楼于明朝修建，门楼采用小八角形石柱，檐下施双层斗拱制作，上层四攒，下层两攒，童柱下雕刻精美垂花。门楼高大深邃，匾额上雕刻"世进士第"，门柱两侧立雕刻精美的抱鼓石，诠释着主人的独特身份与地位。

在湘峪村仅悬挂着"进士第"额匾的高门大院就有七八个。孙家老院正门门头匾额"四部首司"四个大字下面，刻写着孙鼎相的几项官职名称，即吏部稽勋司郎中、前文选考功验封稽勋暨礼部仪制司各员外；礼部主客、兵部武选、工部营缮司各主事孙鼎相第匾额"恩荣四世"指的是古堡主人一家四代受到朝廷恩宠；右边"三世少宰"是颂扬古堡主人孙居相的溢美之词。在"恩荣四世"的牌坊上方，有几个图案，分别是三个元宝、官员牵鹿、船载官帽、瓶插三花，分别寓意连中三元、高官厚禄、冠带流传、平升三级等。东门门头匾额"文武衡鉴"题刻出自山西巡抚李若欣之手，意即"文武百官永远的榜样"。

皇城相府的大门是一个大门楼，人称御书楼，上有"午亭山村"匾额一块，以及"春归乔木浓阴茂，秋到黄花晚节香"楹联一副，是康熙皇帝

窦庄村尚书府下宅张氏家族北院门楼

湘峪村孙家老院正门门头匾额"四部首司"

陈廷敬祖宅老狮院

进士第

对陈廷敬的特殊恩赐。在中道庄大门处有一座建于康熙三十八年（1699）的大牌坊，上面明确记载了陈廷敬的官职：戊戌科赐进士，正一品，光禄大夫，经筵讲官，吏、户、刑、工四部尚书，都察院掌院士，左都御史等职位，康熙皇帝曾称陈廷敬"遍及列卿"之位。在郭北村，许多老宅院大院外观豪华绚丽，而且多数门楼上都有石刻或木制的门匾，其中题为"进士第"、"大中第"者居多，甚至有些还刻有当年房主人历任官职的名称。在郭峪陈廷敬祖宅"老狮院"大门外有两尊石狮，高大门楣上的三层木制匾额上，书写着陈家七代九个官员的官称和姓名，可见当年陈氏家族的辉煌与荣耀。

沁河流域的古村落中，像这种"进士第"、"尚书府"、"大中第"、"中宪第"、"岁进士第"、"世进士第"的匾额随处可见，它们高高悬起，与牌楼映衬，再现了昨日的辉煌。

除了显赫和繁缛的匾额，明清时期，沁河流域考取官名的人家修宅建院也常模仿宫廷建筑，窦庄便有"小北京"之说。相传在明朝时期，村里曾出了个仕途之人，其母到北京看在朝廷做高官的儿子，顺便想参观一下皇宫，但由于脚大脸丑被拒绝。因此，高官便派人在村中按紫禁城样，修筑街景和院落。然而，这只是传说，窦庄古堡整体布局呈"卍"字形，分东、西、南、北四条街和四条小巷，在街、巷与城墙交接处设城门楼，并

沁河流域古村落"忠"字照壁

有四大四小八座城门楼，加上一座"瓮城"，共九门，故有九关，合称九门九关。因城堡布局形状类似紫禁城，"小北京"的说法也因此得来。

除宅院布局模仿宫廷建筑外，沁河流域的老宅院，从建造伊始就按照儒家文化礼制思想，进行着严格有序的编排。

《易传》称："天尊地卑，乾坤定矣；卑高以陈，贵贱位矣。"《左传》讲："贵贱无序，何以为国。"在传统社会长期发展中，以"礼"为核心的尊卑意识、名分观念和等级制度，不仅贯穿于古代的政治规则，而且渗透到了社会生活的各个领域。在建筑方面，《周礼·考工记》具体地规定了建筑类型、房屋的宽度、深度、屋顶形式、装饰等，这样一来，建筑就成为传统礼制的一种象征与标志。

国家历史文化名城保护专家郑孝燮曾讲过："秩序要合乎礼的要求。礼讲究男女尊卑长幼，无礼就没有秩序。礼的秩序反映在建筑的秩序上是有序的，它反映了这是一种文化、一种文气。"

在中国古代建筑中，"间"指的是房屋的宽度，两根立柱中间算一间，间数越多，面宽越大。"架"指的是房屋的深度，架数越多，房屋越深。《明会典》中规定，住宅，官职三品以上的，堂舍不能超过五间九架，门屋不得超过三间五架；五品以上的，堂舍五间七架，门屋三间两架；六七品以下的堂舍三架、门屋一间两架。

因此，沁河流域的很多老宅院几乎是同时代官式建筑的翻版，成为等级秩序的官方文化在老宅院建筑中的典型反映。

柳氏民居建筑群，空间组合及表现形式更严格地遵循封建等级礼制，不同用途的建筑，在规制、体量、位置等方面均有所不同，家庭中的人伦关系、各种活动功能关系，在平面布局中安排得井然有序。如"司马第"宅院，为南北递进的"前堂后庭"样式，布局讲究对称，其规划更为严谨，功能更趋完备。居中的大厅房是会客和举行家庭礼仪的地方，并于此供奉"天地君亲师"牌位，可以突出门庭之显赫。内外有中门、小门相通，"男治外事，女治内事，男子昼无故不处私室，妇人无故不窥中门，有故出中门必掩蔽其面"，强调等级，严格尊卑，形成鲜明的对比。[1]

沁河流域老宅院的院落多由几进院落纵向或横向扩展形成，呈"日"字形两进院、"目"字形三进院或多进院，宅院有明确的轴线，左右对称合乎礼制；中间多以矮墙、垂花门分隔形成一个封闭的空间，中轴对称，秩序井然。院落则是按尊卑、老幼、主仆来布局的：一般是内院的正房为主人或长辈居住的地方，通常是三间或五间，正房左右各有耳房一间，用来堆放杂物。正房的左右两侧为厢房供儿孙辈居住，与正房相对的是倒座，一般老宅院中的前院倒座为客房和男仆人住房，是外来客人等候和佣人居住的场所，后面的罩房是女仆的住房、厨房、储存杂物的房间。这样的建筑布局是以一种无言却有形的方式体现了尊卑、上下、亲疏、贵贱等一整套封建伦理秩序，从而赋予建筑以浓厚的伦理意识、严格的礼仪尊卑等级的意义，如良户侍郎府的倒水池，运水的工人不能进主人的院内，通过倒水池将水送进主人院内。这种建筑布局功能造型，不仅是一般家庭

---

[1] 王良、潘保安主编：《柳氏民居与柳宗元》，中国文联出版社2004年版，第85页。

良户侍郎府的倒水池

建筑的特点，也是宫殿建筑布局造型的规范。院落制度的这种布局适应了中国传统家庭的起居习惯，也体现了中国家庭的伦理道德。这种严谨有序从一定意义上说是对传统礼制的维护。

在沁河流域巴公镇三村的村中间有一座师周官旗杆院，建于清乾隆年间，是清代著名教育家、文学家师周官的宅院，属于典型的清代官院，其礼制规格设计之精巧，为沁河流域官宅的代表。整个院落坐北朝南，共有迎壁院、南院、中院、后院、东大院、西花园几个院落。大门左右两侧有石制的方形旗墩，竖有旗杆两根，杆的上部各有木斗两个，圆球包顶。门外两侧石柱两旁的石座上各蹲六尺高的青石狮子一个，狮子左右是八角形的旗杆。大门正额上悬挂一块醒目横匾，上书"史外"两个颜体金字，下款为"大同府举人师周官"一行小字。迎壁院内是一座高大的影壁墙，第二进院南面是七间楼房，主房三间，两边两间配房，檐下斗拱简洁，梁柱规整，比例适度，应为主人居住。中院大门为第三进院落，是一个典型的簸箕掌院，北面正中是三间厅房，走廊建筑全是木质结构，檐头间架结构严谨。大厅为接待宾客之主房，房内陈设古色古香。中院客厅的后门，与前门、大门成直线，从东进入第四院落为东大院，是放置杂货或仆人居住的地方。从西面进入第五院落为西花园，园中有古式的八角凉亭、水波荡漾的池塘，为主人赏花散步、乘凉观景之处。[1]

传统文化的礼制对建筑物的装饰色彩也有严格的等级划分，宫殿用金、黄、赤色调，老宅院只能用黑、灰色调。皇城村原名中道庄，传

---

[1] 侯生哲、卢文祥主编：《巴公镇志》，山西省晋城市东凤彩印厂1998年印刷，第389页。

沁河流域老宅院"福禄"门环

说陈廷敬在京做高官后，其母亲一直想去京城，但陈廷敬考虑到母亲年迈，不便长途跋涉，于是在祖宅外为母亲修建了一座城堡庄园式的"小北京"。没见过大世面的乡人深信真正的皇城也不过如此，口口相传，久而久之，"中道庄"之名便由"皇城"取而代之。之后有人诬告陈廷敬私建皇城有谋反之心，康熙皇帝将信将疑，微服私访，陈家人便将城墙都涂成黄色，以"黄城"相辩，逃过了一场意外之祸，自此"皇城"又有"黄城"之称。

在沁河流域的老宅院中，表达传统思想观念的题材还有天人合一的宇宙观念以及企盼福、禄、寿、喜的生存观念。

沁河流域的老宅院大都是以木构架作为承重的结构框架，当地居民就地取材，以杨树、槐树、柳树再用土块或者砖墙来做围合成房"间"，再由"间"组成"幢"，再由"幢"合成"庭院"。木材恰与古代中国儒家思想所追求的"含蓄、坚韧、深沉"的理想人格相切合。这层层组成的有机整体中又有着相互影响与制约，整个建筑群落就是以庭院为单位组合而成。其从取材到复杂的建筑群体蕴含着儒家"天人合一"思想的审美精神，宅院建筑中的"堂"就鲜明地显现了这一哲学思想。"堂"位于山西传统合院建筑中轴线的核心位置上，建于明代的

沁河流域老宅院寿刻

三都堂孙氏祠堂是四梁八柱式的双层砖木结构，梁柱粗大，坚固结实，上下两层之间有石台阶连通，堂前的庭院是一片空地，直对苍天，构成完整的天地对应象征。"堂"是山西当地居民家庭拜祭祖宗、天地的地方，是举行家族盛事之所。孙氏祠堂正殿雄伟壮观，石木雕刻精美，二楼梁壁画彩，大门雄狮蹲卧，整个祠堂布局完整有序。堂的尊位上常常供奉着"天、地、君、亲、师"的牌位，这就淋漓尽致地展现了天、地、人和谐统一的宇宙观念。沁河老宅院的总体布局，充满了民间吉庆祥和的气氛，表达了人们对美好生活的憧憬向往之情。位于郭峪村的陈廷敬祖宅"老狮院"，因大门外有两尊石狮而得名。"老狮院"高大门楣上的三层木制匾额上，书写着陈家七代九个官员的官称和姓名，可见当年陈氏家族的辉煌与荣耀。"老狮院"的结构布局很像棋盘，四座四合院组成紧凑的"田"字形平面，每幢大小都相等，结构布局也完全一致，一条前后纵向的巷道将它们分割成左右两部分，每侧前后两院朝着巷道有门相通，四院之间也有小门可以相通，故当地人将这种结构布局的宅院俗称"棋盘院"。"棋盘院"是一种组合型院落，其组合的方式有多种，一种为通道组合式，即在四个院子之间建一条通道，四个院子分列两边，所有的院门都开在通道里;一种是院落组合式，是将两个两

棋盘院

进式院落组合在一起，正中开一个大门，进门后左右分行各进一个院子，穿过前面的院子，然后再进入后面的院子。棋盘院一般都是一个家族的共同财产，兄弟、父子、祖孙等共同居住。

沁河人偏爱棋盘式布局的老宅院，例如张五典晚年"度海内将乱"，便以太极教场为中心营造城堡。城堡建成后，张五典又将窦氏祖茔旁边属于张氏的两个小院进行改造，并为六院一门的棋盘式四合院群组。高平唐安村现存陈氏府邸系明代所建。陈氏府邸俗称"楼后"，也叫棋盘院，大院坐北朝南，由四座大小相等、布局一致的四合院组合而成，一条南北方向的过道将四个院落分为左右两部分，四个院落均向过道开门，从高处看，这过道如同"楚河汉界"，整个院落犹如巨形棋盘，故称"棋盘院"。完成于1634年的三都古城，也状如"棋盘"，城内建筑由东西两条街和南北九条巷道将其有序分割，整体布局呈五纵三横的"棋盘"形，寓意为"万物根柢"。

陟椒村刘家大院的各个院落由南北走向的甬道和横穿东西的胡同连接起来，其布局严谨，结构巧妙。其中"守乾畅"、"敦素居"为二处棋盘式大院。这两处院落，为一进两院式格局，其中，"守乾畅"大院保存较为完好。沿门洞数十级青石台阶上去，迎面为砖雕垂柱，上刻花鸟虫兽。两旁还刻有一副楹联："心田种德心常春，福比安居福自多。"[1]它表现了房主人养心积德、居安思福的愿望和追求。

"状元插花式"是一种形似状元插花帽的院落布局，在这样的院落中，主房面呈中间低两头高形式，就像一顶帽子在两个鬓角处各插了一枝高高的花。在传统戏剧表演中，新科状元往往需要戴这种帽子。

状元插花院

所以在沁河流域把这样布局的院落称作状元插花式宅院。这种宅院有一面插花的，也有两面插花的，即"双插花院"。这种院落布局一般主楼坐北朝南，院子东北、西北角各建四层高楼一座，而正北中间堂房却只建三层，形成两边高、中间低的高低错落样式，其外观恰似一顶古代双插花的官帽，因此被称为"双插花院"了。明清两代，湘峪村出过几位进士，还有许多举人、秀才，所以就修建了这种插花式的院落，体现出耕读传家的文化传统。状元插花式院落还具有一定的防御功能，这些高出正房的角楼主要的功能就是登高瞭望，可以起到御敌防盗、储物藏人、保民平安的作用。[2]

晋东南民居大多为正方形院落，坐北朝南，每边皆为三间住房，正房四梁八柱，称为"四大四小"式。沁河流域老宅院还有一种三合式院落的簸箕式布局，是四大四小院落的变种，这种院子一般只有正房、耳房、厢房，没有下房，而在下房的位置建一座造型简单的门楼，是三面高、一面低的院落。这种三面有建筑的院落由于与当地民间使用的簸箕极其相似，所以又被称为簸箕院。

此外，沁河流域老宅院的布局还有完整的双"喜"字，欢悦祥和尽在

[1] 杨平：《人文晋城》，中国旅游出版社2006年版，第236页。

[2] 张广善：《晋城民居中的文化资本探源》，载《中国名城》，2010年第8期。

其中；也有将多子、多福、多寿的民俗注入其中，院落呈"寿"字形结构的院落。这些院落形态各异，但不外乎表达了民农对美好生活的追求，再如，柳氏民居四周青山绿野，风光秀丽，依山而建，西高东低，平面设计为万字形的皇家图案，整体布局为"福禄双全"。

2. 老宅院中的入世与出世

沁河老宅院承传着传统中国文化的同时，还是庇佑才子们入世与出世的家园。受儒家倡导入世思想的影响，沁河流域的学子们以修身、齐家、治国、平天下为己任，走上仕途之路后，大都"兼济天下"，为国、为家、为民兴利除弊，清正廉洁，秉公办事，堪称世人典范。沁水流域声名显赫的人物王国光，从政四十余年，共经历明世宗、明穆宗和明神宗三朝，历任户部和吏部尚书，是万历年间张居正改革的得力助手，被誉为明代的理财专家，由他编撰的《万历会计录》，对当时政治、经济和社会做了系统的调查和研究，是实施"一条鞭法"赋税制度改革的依据，后来成为明清两代田赋的准则。《万历会计录》是迄今存留于世的中国古代唯一的一部国家财政会计总册，记载了明朝财政方方面面的内容，在中国古代财政史上具有重要的地位和意义。[1]

窦庄张氏，从张五典开始家族三代人"文韬武略，为国尽忠"。张五典是明万历二十年（1592）进士，历任过山东布政司参议、河南按察司副使、山东布政司参政等。张五典在山东任职期间，多次登泰山，对古书记载"泰山高者四十里"的说法产生怀疑，为实测泰山高度及里程，张五典精心制订测量方案。万历三十九年（1611），按他设计的测量泰山高度及里程的方法，委派盛州巡检张嘉彩进行试测，得出从岱宗坊至玉皇顶里程为5120步（约合8192米）、高度为368.35丈（合1178.72米）的结论，与

---

[1]　《阳城县志》编纂委员会：《阳城县志》，海潮出版社1994年版，第443页。

今天现代仪器测定数据相差甚微。张五典还以为官正直、善于识才著称。张五典儿子张铨是万历三十二年（1604）进士，曾担任御史一职。万历四十六年（1618），后金开始进攻明朝，《明史》记载了张铨上书皇帝辽东兵事，并指出辽东总兵官张承荫战败的原因：

> 山川险易，我未能悉知，悬军深入，保无抄绝！且突骑野战，敌所长，我所短。以短击长，以劳赴逸，以客当主，非计之得。其胪朐河之战，五将不还，奈何轻出塞！为今计，不必征兵四方，但当就近调募，屯集要害，以固吾围，厚抚北关，以树其敌。多行间谍，以携其党，然后伺隙而动。若加赋选兵，骚扰天下，恐识者之忧不在辽东。因请发帑金，补大僚，宥直言，开储讲，先为自治之本。

天启元年，张铨巡按辽东，赴任不久，后金兵围辽阳，明军大部溃散，张铨苦战三日，城破被俘后拒绝后金的招降，史书记载，"二十二日，城破，铨被执，不屈，衣冠向阙拜，又遥拜父母，遂自经。军中争呼忠臣，举尸葬之"，时年仅四十六岁。张铨遗留有《皇明国史纪闻》十二卷，约四十万字。《皇明国史纪闻》记载了明洪武至正德一百五十余年的历史，以大事记的形式编写，内容丰富，是研究明史的重要资料。张铨殉国后，明廷追封他为兵部尚书，谥号忠烈。因子张铨殉国，加张五典兵部尚书衔，卒后赠太子太保。张铨之子张道浚，字深之，诏赠锦衣卫指挥佥事，后升都督同知。崇祯五年（1632），王嘉胤农民军攻打家乡窦庄，他率兵由雁门关返里保卫，后来又调任守卫边疆海宁，并著有《丹坪内外集》、《奏草焚馀》、《兵燹琐记》、《从戎始末》等著作。[1]

高平良户人田逢吉任翰林院学士时，"所拔士如孝感、安溪、太仓、

---

[1] 《沁水县志》编纂办公室编：《沁水县志》，山西人民出版社1987年版，第514页。

昆山、即墨、武进、猜氏、平湖诸公，先后成为当代名臣"。后"奉使服淮阳，奏请宽流亡禁，使通逃者获随地收养，不致归本处乏食待毙，全活无算"。田逢吉转任浙江巡抚，"适耿精忠变起，李制府之芳督师金衡，逢吉留会城治军务，早夜劼劬，以劳成疾，告归，卒于家"。田长文系田逢吉的长孙，康熙己丑进士。由教习升任镇海令，镇海为滨海地区，潮患较多，田长文"请米千石，修筑捍水堤。堤成而完固，民永赖之。有三河水高于田，旧资灌溉，以久不浚淤，苦旱，用令民分段挑浚，未几通利，废壤复成膏腴焉。有言开荒荡田者，为条其害，力却之。有请税渔船者，为陈其苦，获免焉。署鄞县，岁荒请赈，劝弛海禁，招商贩运米，至者万余，价顿减而民以活。"[1]

阳城县润城镇屯城村人张慎言，万历三十八年（1610）进士，天启初年（1621），张慎言受任往督畿辅（天津、静海、兴济之间）屯田。畿辅有沃野万顷，但却无人开垦，只有同知卢观象垦田三千余亩，在田的沟渠水边、房前屋后，均有种植。张慎言提出"可仿而行"，并在此实施了上官种、佃种、民种、军种、屯种五法。后来广宁失守，辽人转徙入关者甚多，张慎言也把他们召集到津门（天津），让这些无家可归的人去开垦这里的荒地。这些措施在一定程度上促进了农业生产的发展。他的著作颇多，有《泊水斋文钞》传世。[2]

沁水北关人延嵩寿，光绪时拔贡，他在北京参加公车上书，拥护康梁变法，后来事败被捕。生前著有《晋中创办商务策》、《时务条陈议》，《山西形胜险要今古异同论》等论文，颇有见地。[3]张文焕，沁水西关人，光绪十六年（1890）中进士。他生性聪敏，好静寡言，出任四川江油知县，清正廉洁，带领民众治理河流，疏通渠道，兴利除弊，百姓皆感恩

[1] 王金平、于丽萍、王建华、韩卫成著：《良户古村》，中国建筑工业出版社2013年版，第14页。

[2] 《阳城县志》编纂委员会：《阳城县志》，海潮出版社1994年版，第445页。

[3] 《沁水县志》编纂办公室编：《沁水县志》，山西人民出版社1987年版，第515页。

戴德，立碑称誉。[1]

为民伸张正义的义士高平北庄村人郭士基（1836—1902），清穆宗同治三年年甲子（1864）举人，高平县署赠予其"文魁"匾额。同治九年（1870）出任广灵训导（协助学正教育所属生员，从八品）；清德宗光绪十一年（1885），因指责朝廷腐败，被革职乡里。光绪二十七年（1901）冬，高平知县高凌霄在筹办《辛丑条约》教案赔款时，将绅富捐摊派给各里百姓。百姓怨声载道。郭士基义愤填膺，同牛文霄（即牛文炳，高平神农镇池院铁匠）、李冬梅（即李冬温，高平城东秀才）组织全县民众抗捐，形成了声势浩大、轰轰烈烈的抗捐斗争。后遭山西巡抚岑春宣镇压，三人被"就地正法，枭首示众"。在就义前一天，郭士基写下"把光天化日造成黑暗乾坤，终必被天诛天讨，天才有眼；那些地主官，都是地龟地鳖，剥地皮，掘地才，将圣地名区变为阴霾地狱，还要加地丁地税，地已无皮"的对联，并嘱咐家人，待他死之日贴于自家门庭，表现了他视死如归的铮铮铁骨。虽然三人被害，但清政府以"办捐失当"之名将高凌霄革职，并取消地亩捐之外的摊派。[2]

近代以来，虽世乱纷杂，沁河流域的才子依然秉承着入世的积极态度，为民为国尽忠恪守，从周村被誉为民国"山西第一才子"的郭象生到下庄山西近代藏书家、金石学家、书法家杨兰阶，从端氏清末进士、民国行政院副院长贾敬德，郭峪的近代教育家卫树模，到上伏以实业救国但却壮志未酬的栗润森，可以说这里为国为民的志士不胜枚举。

与"入世"相对的是"出世"。入世表示一个人在社会中实现自己的价值，出世则表示一个人对功名、权位、财富等世俗的漠然淡视。出世的人希望超脱世俗的生活，更多在精神层面上有所追求。面对复杂的社会，沁河流域的才子既能学而成仕，走出老宅院"兼济天下"，也能回归老宅

---

[1] 《沁水县志》编纂办公室编：《沁水县志》，山西人民出版社1987年版，第515页。

[2] 《高平县志》编委会：《高平县志》，中国地图出版社1992年版，第581页。

院"独善其身"，去寻找另一片天地。张铨殉国的时候，六十六岁的张五典已是风烛之年，在伤痛之余，其用人生最后五年的时间主持修筑了窦庄堡，《明史·传》说"五典度海内将乱，筑所居窦庄为堡，甚坚"。由此可知，老宅院对于沁河流域的文化士人来讲，更多的是精神的家园，是灵魂可以托放的地方。

端氏樊庄常伦自幼喜好文学，十五岁以一篇《笔山赋》在士林间崭露头角。入世为地方官十三年，由于性情耿直爽快、不适应官场生态，常伦弃官还乡回到老宅院中。隐居以后，常伦"留连声妓，娱心黄老"，纵情于山水，常常自比为李白、王安石，日日豪饮，每饮必醉，醉则奋笔疾书，诗、词、曲、赋一挥而就。家乡的山水草木都成为他诗词曲赋的内容，他的诗词曲赋，写得大气磅礴，意境深远，如他在《折桂令》中所赋：

> 平生好肥马轻裘，老也疏狂，死也风流，不离金尊，常携红袖。
>
> 但得个欢娱纵酒，又何须谈笑封侯。拙生涯，乐眼前，虚名誉，抛身后。两眉尖不卦悉，一日深浮三百瓯，亦可度天长地久。

明朝才子韩范称赞常伦为"文学司马子长，诗宗李杜，上窥魏晋，多得自语。书法遒劲，似颜鲁公，而潇洒有晋人意。画不学而精妙，尤工乐府小词，盛传泽沁间，歌姬优伶，咸弹弦出口歌唱，至今不废"[1]。

在常伦归隐期间，沁水县举办榼山诗会，常伦与时任泽州府学正谷迁、沁水县教谕陈鳌等人，聚会于榼山大云寺，饮酒欢宴，以陶渊明诗句"悠然见南山"五个字，分韵赋诗，常伦以"然"字为韵，赋诗曰：

---

[1] ［明］张铨：《常伦传》，参见《沁水历代文存》，第112页。

> 振袂凌千仞，衔杯眺八挺。
>
> 沧溟好去便，笙鹤醉浮天。

这首诗表达了常伦脱离尘世、乘鹤为仙的内心愿望。这次从楄山回来以后，又写了一首七言古诗《咏笔山》：

> 平生爱做名山客，那直笔山乡之陌。
>
> 数点危峰天外清，一曲寒流望中白。
>
> 红尘不与俗人争，清景岂用钱买成。
>
> 饮酒赋诗乐郭山，吟风弄月傲江城。

这首古诗成为常伦一生最后几年生活状况的真实写照，嘉靖四年（1525），当朝廷传唤常伦入京补官时，常伦在回京的路上坠河，不幸被手中的宝剑刺中死亡，年仅三十三岁。[1]一代才子就这样英年早逝，真让人扼腕叹息不已。

韩范（1556—1624），字思谦，号振西，沁水郭壁村人。明万历十四年（1586）中进士，授工部都水司主事，理南旺泉闸，升营缮司员外，曾主持营建定陵工程，后升任兵部武选司郎中等职位。由于生性刚直，不畏权势，从兵部贬为金县典史，韩范对此不屑一顾，独自骑毛驴上任。后因朝中奸佞当道，不愿与朝中奸党为伍，便还乡著书立说。回到郭壁村后，当时平阳、潞泽一带连年荒旱，赤地千里，米价昂贵，人心惶惶，他便选写《救荒议》、《积粟备荒议》等文章，呼吁当局拯民于水火，并号召百姓积粮备荒，生产自救，还把自己的粮食拿出来救济乡里灾民。晚年韩范带病撰写碑文，并将家训格言口授其子，教育他们"为人要正，为官要廉，为民则勤耕，为仕则苦读，富贵不能淫，威武不能屈"，表现出他的

---

[1] 《沁水县志》编纂办公室编：《沁水县志》，山西人民出版社1987年版，第511页。

磊落胸襟和耿直品德。[1]

清光绪年间进士窦庄人窦握之，因不满现实，拒不出仕，常写通俗诗话、小说讥讽政治时事，虽穷困潦倒，生活无着，仍不失乐天风度，他在自编春联中曾写道：

> 爆竹一声除旧岁，推出穷鬼去，呸！好个杂种这几年弄得我七零八落。
>
> 金香三柱贺新年，迎进新神来，呀！你老人家从今后保佑我五福三多。

可见其洒脱飘逸的胸怀。[2]

在沁河流域的众多名人中，许多人都有出世的经历，湘峪村人孙鼎相在任户部侍郎时，因抵制宦官作弊，受到魏忠贤等人的迫害，告老还乡，"以忠信为质，望之若不可犯，即之蔼然可亲"，著有《承恩堂遗稿》数卷。[3]王国光一生坎坷，但他刚毅坚强，居功不傲，被贬之后十分淡定，在老宅院中随处可见"宁静致远"、"百忍居"、"诚慎勤"、"含真守朴"的匾额，展现了一代名臣渴望内心安宁、不争名夺利的内心世界。陈廷敬虽然官位显赫，一生成就很高。其弟陈廷素在河北省武安县任知县期满了之后，写信给陈廷敬，要求为他安排其他官职。陈廷敬劝他回家照看老母亲，管理田庄，家书的大致内容是：

> 十亩之宅，五亩之园。有水一池，有竹千竿。勿谓土狭，勿

---

[1] 《沁水县志》编纂办公室编：《沁水县志》，山西人民出版社1987年版，第513页。

[2] 《沁水县志》编纂办公室编：《沁水县志》，山西人民出版社1987年版，第516页。

[3] 《沁水县志》编纂办公室编：《沁水县志》，山西人民出版社1987年版，第514页。

谓地偏。足以容膝，足以息肩。有桥有船，有堂有庭。有书有酒，有歌有弦。有叟在中，风神飘然。安分知足，外无求焉……

信中描绘的是世外田园风光，是以诗书为伴、尽享天伦之乐的出世生活。

以科举取士的文化名人，他们的所思、所想、所见、所行大都是中国传统文化的凝结。沁河流域的士大夫积极入世或消极出世的人生态度，正如湘峪村三都古城外，那棵有四百年树龄的稀有莲树一样，彰显的正是沁河文人士大夫们"出淤泥而不染"的高尚品格。

3. "立业之本"与商居

天地生人，有一人莫不有一人之业……本业者，所身所托之业也。假如侧身士林，则学为本业；寄迹田畴，则农为本业；置身曲艺，则工为本业；他如市尘贸易，鱼盐负贩，与挑担生理些买卖，皆为商贾，则商贾即其本业。[1]

沁河流域资源丰富，历史悠久的冶炼业和煤炭采掘业是当地商家的立业之本。沁河两岸遍存明清时期遗留的"铁山"（炼铁后的矿渣），在润城镇和大阳镇现存的明清建筑中，有将近三分之一的墙体是用炼铁后遗弃的坩埚砌筑的。明清时期冶金铸造业比较兴盛的中村、土沃、杏峪等地，冶铁炉星罗棋布，在产业发展的高峰时期，总炉号达133张，其中方炉（炼生铁）84张，货炉（翻炒）24张，炒炉（炼熟铁）7张，条炉（锻铁）18张，铁产品主要运销陕、甘等地。采煤业是沁河流域的古老产业，沁河流域的无烟煤，以质地坚硬、无尘而被誉为"白煤"，有着

---

[1] ［清］杨齐三修，杨宋卿增补：山西柳林《杨氏家谱》。

"兰花炭"的美称。煤炭是当地人们做饭取暖用的燃料，并可直接用于炼铁。优质的煤炭支持了冶铁业，发达的冶铁业反过来又促进了采煤业的发展。[1]

当地铁矿的开采，与冶铁和采煤同样历史久远。《山海经》记载："虎尾之山，其阴多铁。"虎尾山，就是今天泽州县大阳镇的一座小山。从春秋战国至清末，这里一直以开采地上煤矿冶铁为主，清末才开始凿井采矿。西汉时，这里生产的阳阿剑曾独步天下。明清时，大阳钢针行销全国，出口域外。阳阿剑以阳阿水命名，阳阿水现称长河，发源于大阳镇境内。历史上，泽州县的铁业生产，主要集中在长河流域，其中尤以大东沟镇的辛壁、下村镇柳树底、史村河和川底乡的和村为最。辛壁村流传有这样的民谣："村东三十张小方炉，黑夜火龙一大片。"据辛壁德顺山等炉户签订的协约记载，1935年村中有17家炼铁字号。其实，不只是大阳和长河流域，泽州府所属五县铁矿资源都很丰富，其中又以阳城为最。明成化版《山西通志》中记载："铁，唯阳城尤广。"有首《打铁花行》的小诗称："并州产铁人所知，吾州产铁贱于泥。"早在明洪武初年，阳城全县生铁产量为115万斤，居全国各省铁产量第五位。到天顺年间，阳城"每年课铁不下五六十万斤"。按明代课铁"第三十分取其二"的税率计算，则阳城县年产铁750万至900万斤，比洪武初年提高了七八倍，居全国第一。[2]

位于阳城县润城镇的砥洎城，其高耸的城墙由炼铁所用的坩埚砌筑而成，是真正的铜壁铁墙，固若金汤，在全国独一无二。其实，不只是砥洎城，只要到润城村里走走就会发现，很多老房子都是用这种坩埚砌成的。也不止润城这一村，周围的几个村庄，过去也多用坩埚砌墙修房。当时，润城镇东北二公里的黑松沟居民因冶铁致富，砍光了沟底的松树修房盖屋，使原来沟内的上庄、中庄、下庄三个村庄连成一片，于是改称黑松沟

---

[1] 张广善：《沁河流域的古堡寨》，载《文物世界》，2005年第1期。

[2] 大型人文纪录片《经典晋城》解说词之三：《泽商天下》。

为白巷里。这里白天冶铸炉烟弥天，夜间沟内火明如昼，因此人们又称这条沟为"火龙沟"。与白巷里一岭之隔的东面，当时叫中道庄，庄上有一户陈姓人家就是以鼓铁为业的。若干年后，陈家子孙陈廷敬高中进士，入朝为官，开启了陈家"德积一门九进士，恩荣三世六翰林"的显赫家世。

除得天独厚的自然资源外，沁河流域四通八达的商道为商业发展提供了交通便利，大学士陈廷敬在一通碑刻中描述当地据"泽郡环山而立，居太行绝巘，据中州上游，山峻而险，水瀑而陡，居民往来，商旅辐辏"[1]，"上党以南与中州山左，商旅往来，必由于此"[2]。古代郭壁村就是沁河流域的一个重要渡口，因水运发达，经济繁荣，是明清时期的商贸重镇，古有日进斗金之说，故当时人们有"金郭壁银窦庄"之说。郭壁古镇中的主街就长达五华里，今日虽然已找不到往日的繁华，但大部分老宅院依旧保存完好。

位于土沃乡的交口村，地处历山脚下中条古道的交叉口，所以被称为交口村。村里现存有古桥交龙桥，与虞舜庙相对，是交口村的标志性建筑。交口村现存老宅院为张氏老院，老院在古道东侧，背靠古道，面朝涧河，共有六个院落。张氏老院建于清乾隆四年（1739），分河东、河西两部分，总占地面积4200平方米，建筑种类以典当、驿馆、骡

张氏老院具有西域风格的拱门

[1] 乾隆《陵川县志》卷二十六"艺文二"：《创修孙公峪新路碑记》。

[2] 张正明、科大卫：《明清山西碑刻资料选》，山西人民出版社2005年版，第31页。

马店、骆驼场为主，建筑风格有中原四合院的特征，也有西域风格的拱门、雕花及亭廊，是兼具中西文化特色的经典老宅院。老宅院的主人张氏，是当年中条古道的巨商大贾，后举家迁至河北张家口做外贸生意。

明清时期，巴公镇是南下沁阳、焦作，北上潞州、太原，东去辉县、新乡，西到侯马、平阳的交通要道。这里店铺林立，商贸云集，人口繁华，是泽州北部重要的物资交易中心。据有关资料统计，当时巴公南北三里长的大街上共有各种店铺九十多家，个体商贩近百处，其中最有名的为"永和公"京货店、"华茂永"杂货店、"公益勇"酒店、"义和厚"油坊等十几家较大的商号。每逢集日，附近村民和远方的商贾都云集巴公，或前来购物，或出卖商品。街上行人摩肩接踵，熙熙攘攘，古镇的商品交易十分兴旺。[1]

除了自然环境之外，传统文化中的诚信与道义也是沁河流域商人的立业之本。在高平流传着这样一个故事：一位年轻人被引荐到石末赵老东家学徒，学成后受命去外地开设分号。不料第一年经营不善，买卖亏本，分号倒闭。年终时年轻人既不敢回去向赵家交代，又怕债主逼债，只好远走他乡，多年后他依靠在异地做小本生意积攒了银子回到原来的地方重新将分号的牌子挂出，苦心经营，诚信待人，还清了欠账，并且赢利。到了年底，已是壮年的他亲自登门向赵

石末赵家合伙人所修之庙

[1] 侯生哲、卢文祥主编：《巴公镇志》，山西省晋城市东凤彩印厂1998年印刷，第135页。

老东家谢罪。岂料老东家年事已高，记不起当年出资之事，后总号的老掌柜说明原委，老东家才认了这位合伙人。据本村村民讲，这位合伙人特地在村西修了一座庙，以示报恩。

现留存的文字记载中也有不少"良贾"的事例：

> 公讳安，字体仁，世为泽之望族。……公天性纯笃，克勤克俭，远服商贾，四方多所涉历。客处汴城者数十余年，贸易疏通而不壅其货，义利分明而不苟所得，凡百经营悉副叔考运筹，自然之利日益充积，遂为时之良贾，且深藏若虚。[1]

明嘉靖时期，泽州府阳城县润城镇李思孝修建龙泉寺铁塔，据记载：

> 是役也，始于嘉靖四十四年四月吉日，至隆庆六年秋九月吉日落成。土木之工计各数万，其费金若食凡四千，皆李公所施。公敦尚佛民，而雅重儒学，故其弟保轩、侄西谷公，侄孙李易斋公，皆以科第起家，官业方兴未艾，家累巨万。世守先业外，具发口捐修福地，凡修桥济涉、赈贫恤老等善缘，不可缕举，此其一端也。[2]

《泽州府志》记载了康熙年间凤台县楸木山庄王氏家族父子三人城东修路的捐输情况：

> 闻公父故封光禄大夫在只公，积德累仁，好善乐施。其初，修太行山之路也，自州属拦车驿至河南接壤之长坪镇，计四十余里，不惜工费，开凿补砌。……乃出直募力，伐石于山，纤

---

[1] 《皇明故处士郜公配郑氏合葬墓志铭》，碑存晋城市城区后河村。
[2] 《龙泉寺新建塔记》，大明隆庆五年立，碑存晋城市阳城县润城镇海会寺。

者划之使直，狭者增之使阔。其间，有倍价赏人之地而避险以就安者，绵亘六十余里之险途一旦而成康庄矣，其所费迨不可纪数。[1]

雍正《泽州府志》也载，"康熙辛未，蝗为灾，璇输钱数十万"。王璇次子王廷扬"归，适郡邑旱歉，运谷数千石"。"雍正元年，太原等郡饥，廷扬复蠲银八万助赈，计部亦言廷扬在长芦蠲银十万佐军需。"[2]从中能够看出其家族所做的诸多善事。

郭峪村王重新正通过修宅造院，表达了沁河商人发财致富不忘道义之举。明末流寇侵扰郭峪，富商王重新捐白银7000两钱牵头组织大姓家族联合筑城，新修的郭峪城有效地抵御了流寇的侵扰。

郭峪城堡

但是，大兵过后、大灾不断。郭峪村自崇祯十二年（1639）开始出现连续不断的自然灾害，王重新用"以工代赈"的方式来救济饥民。在《焕宇变中自记》一文中，王氏详述了这一情形：

---

[1] ［清］佟国珑：《楸木窊王氏城东修路记》，雍正《泽州府志》卷四十五"艺文志"，第125～126页。

[2] 雍正《泽州府志》卷三十六"人物·节行"，清雍正十三年（1735）影印刻本，第35～36页。

至崇祯十二年六月间，飞蝗灾起，自东南而来，遮云蔽日，食害田苗者几半。蝗飞北去，未几而蝻虫复作，阴黑匝地者尺许。穷山延谷，以至家室房闱间，无所不到。谷豆禾黍等食无遗草。秋至明年三月尽，雨雪全无，怪风时作，桑蕊、菜苗皆以霜毙。且虫有如人形者结于树枝；虫有如跳蚤者，嚼食菜根。米价至三千五百仅获一石。以故民有饥色，野有饿莩，夫弃其妻，母遗其子，榆皮桑叶等类皆刮而食之，如人相食者，间亦有焉……予因于崇祯十三年闰正月十五日起修豫楼，即以佣工养育饥民数百，为一方保安固存之计。

这一记载于崇祯十三年（1640）立石镶嵌于郭峪村豫楼。

4. 亦官亦商老宅院

"无农不稳，无商不富。""仓廪足而知礼仪。"沁河流域一座座老宅院的崛起，既有富商巨贾雄厚的经济基础，也有读书致仕的文化根源，无论是商还是官，无论游走在何方，他们都要在家乡修屋盖房，虽然历史已久远，但是我们依然能够从老宅院中找到沁河人的根。

沁水西文兴柳氏从柳琛起到柳遇春止，连续六代有七人为官，全盛时期是从明代永乐年间（1403）到明代天启年间（1621），现存的六个府第、文庙、学堂、祠堂、石牌坊等，皆为明代建筑，其"产业阔大，资产充足"，正如其族谱中所记："家田千顷，路有万里，京归吾府，勿宿异姓。"可见其田产之多。据光绪版《沁水县志》记载，柳遇春，明嘉靖丙午科（1547）举人，曾任陕西巩昌府通判，山东宁海知州补陕西通州知州。他在西文兴村修建了十三院住宅和柳氏祠堂，并在下川东川置买庄田十余处。明末战乱中西文兴村遭严重破坏。清乾隆年间，西文兴柳氏第十二代柳春芳对柳氏家族的发展起到了再次复兴的作用。柳春芳生于乾隆四年（1739），墓碑碑文称他"为人倜傥不群，幼时与诸昆伴伍，头角早崭然独异……"，成年后在山东、河南一带经营盐业和当铺生意。嘉庆元年（1796）春，朝廷要镇压川楚一带的白莲教起义，急需大量军饷，柳春芳倾己之力向朝廷捐献了一大笔财物以充军饷，甚得嘉庆皇帝欢心。嘉庆六年（1801），沁水一带旱荒严重，赤地百里，颗粒不收，柳家慷慨捐粟赈济本村和邻村七村饥民四百余户。皇帝为嘉奖其义举，特授赠柳春芳"昭武都尉"，御赐"河东世泽"匾额，同时他的祖父柳学周、父亲柳月桂也被封赠为"昭武都尉"，祖母和母亲也尊为"恭人"。柳春芳之子柳茂中，继续父亲的经商之路，并表现出卓越的经营才干。柳春芳之孙柳琳，官拜郡司马，光耀门庭，其祖、父两代也因此被朝廷封赠为正四品"中宪大夫"。"迫遵例，晋秩都司，封赠二代，里之人咸荣之。"[1] 亦商亦官的柳氏家族凭借地位与权力，生意越做越大。据道光十四年（1834）《重修关王庙碑》记载，为修建关帝庙，柳氏家族施财的典当、行号就达到45家之多。其中有鹿邑当行，柘城当行，商丘启泰典行，虞城元吉典、义成典、丰裕典、魁聚典、兴泰德典、同心畅典、兴和典、恒昌典、广盛典、卢州典、恒源典、黄甲庄典，阳城万丰典、瑞兴隆典、触泰典、公慎典等典当铺店19家；有湘湖商行、苏州丝绸行、奉天商行、遂源衣店、天锡衣店、惕成衣典等商行商号6家；有鹿邑盐店、亿顺盐店、润泰油行、永盛油行、裕成米行、天福盐店、恒源盐店、居忍茶店等盐茶店8家；有洪兴铁号、济泰铁号、义成矿号、达盛方炉等手工作坊4家；有聚义驿站1家。此外，还有不知经营何物的乾元号、广泰号、同义号、聚液号、兴盛号、交泰号、泰成号等7家。这些商号，除山西省境外，还远达辽宁、河南、江苏等省份。柳春芳子孙三代所积财富巨大，同时勇于担负朝廷重任。与此同时，柳氏家族又开始在西文兴大兴土木，营造宅院。除了把关帝庙重新装修一新外，还在庙的两旁新建了魁星阁与真武阁，在村中重修了祠堂、文昌阁和文庙；建造了"中宪第"、"司马第"、"河东

---

[1] 山西省政协《晋商史料全览》编辑委员会：《晋商史料全览》家族人物卷，山西人民出版社2007年版，第263页。

世泽"、"堂构攸昭"等院落。这些院落和明代建筑"行邀天宠"、"香泛柳下"、"磐石常安"、"恭处居"、"成贤牌坊"一起构成了西文兴村现在的内外府的总格局，整个宅院规模宏大，气势雄浑，构思独特，造型秀美，堪称明清时期北方民居的代表作。[1]

闻名潞泽的赵家老南院，地处高平市东南二十三公里处的石末乡侯庄村。整个建筑群规模宏大，墙高院连，楼檐叠层，外观形如城郭。它是由晋商巨富之一的赵家于清康熙至嘉庆年间所修建，为山西东南部规模最大的商家老宅院庄园。赵家最初以农及商，做小本买卖，到明朝中叶，已逐步在江苏的海安、如皋、如东等县经营铁业、酒醋、日用杂货等生意，并创办了江南有名的"赵永升"商号。至明末赵清之掌家后，又把商贸做到

赵家老南院之牡丹院

赵家老南院之绣楼院

---

[1] 山西省政协《晋商史料全览》编辑委员会：《晋商史料全览》家族人物卷，山西人民出版社2007年版，第264页。

了浙江温州。

赵清之后辈赵文熙等多人考取功名，赵家逐渐步入官场。由于官商结合，赵家又接办了淮北、六安、寿州、马头等地的盐务。此后，赵家由商到官，家业财源广进，成为清代中叶上党、泽州地区最有名的富商。赵家老南院始建于清代康熙盛世，至嘉庆十八年（1813）建成，前后历经一百多年时间。大院位居侯庄村西，三面环路，一面依村，南面临街有弯曲的河流，北面隔路为拾级而上的普化寺，西面相望是连绵起伏的七珠岭，风光秀丽，环境优美。整个宅第占地面积14 000平方米，有院落18处，楼房三百余间，它以独特的建筑风格、精湛的建筑工艺而著称，是晋城古老宅院中的一朵奇葩。[1]

这时期，赵家已从一个普通商家跻身上层社会中。在赵家七代人中，官至四品者有4人，五品者有5人，六品者有2人，诰赠诰封原配继配夫人、宜人有14人，恭人有12人。高楼深院最多时达33院500余间，尤其是具有南北风格、楼楼相通相连的十八院建筑群，更是闻名遐迩。宅第大门楼上挂有"郡侯第"金匾、"诏举孝廉方正"镂金边盘龙大竖匾。门前三丈高的旗杆、十五米长的大照壁、七百平方米的小方场，威严显赫，更具气势。在清朝中晚期，赵家先后营造过三座祖坟，即乾隆老坟、南院坟和北院新坟，坟墓修得豪华精美，比其宅第毫不逊色，结构与雕刻具有很高的艺术品位。[2]

高平三甲镇北庄村历史悠久，文化底蕴深厚，因郭氏世族的名望而闻名于高平。据《高平县志》、《郭氏家谱》和有关碑刻记载，郭氏"系出汾阳"，"其先太原人，始祖恩贾于泽之高平，乃后遂籍玉高平"。在明清时期，郭氏世族先后书写了官宦与商贾文化的壮丽诗篇。

---

[1]　《高平县志》编委会：《高平县志》，中国地图出版社1992年版，第583页。

[2]　山西省政协《晋商史料全览》编辑委员会：《晋商史料全览》家族人物卷，山西人民出版社2007年版，第269页。

北庄郭家官运兴于明代，始于郭钦的两个儿子郭文、郭质，兄弟二人于明正统年间中举人，自此家族人才辈出。据史料记载，从明英宗正统九年（1444）至明神宗万历二十年（1592）间，郭家共出过郭

郭氏工尚院屋脊牡丹花刻

定、郭鎜、郭鉴、郭鋈、郭东、郭嗣焕六个进士和郭文、郭质、郭坤等17个举人，可谓仕宦书香之家。到了清代，郭氏由文昌达官转入商贾云兴，其家族生意遍布山东、河南、陕西等地，所做生意包括药材、丝绸等。从明至清，郭氏家族修建了大量的豪华宅第，现存有23院，其中明代建筑2院，清代21院，总计房屋348间。其中保存最完整的工尚院全是青砖刨砌高墙，青石铺基，门窗过石三米长，起连接加固的作用；屋脊连枝蔓草，莲花牡丹花形，寓意莲花生贵子，牡丹加富贵。老宅院建筑依势而建，高低错落，左右排列，既有诗书世家的高雅，又有商贾人家的平实，加上纵横交错的街巷和别具特色的阁楼、庙堂交相辉映，形成了独特的北庄古村落。

在沁河流域，无论是官还是商，他们都钟情于故土的这座老宅院，亦官亦商也就成为老宅院不断变换的历史场景，这也反映出传统社会中商人与官员的关系。

郭峪村保存较好的明代宅院有40院，多以北方典型的"四大八小"格局的四合院为主，宅院主人主要是科第仕宦陈廷敬、张鹏云和商界巨贾王重新三大家族。当地人根据他们住宅所处的位置编出了顺口溜："前街西为陈，前街东为王，南沟住张家。"当年郭峪村曾遭到陕西农民军的四次骚扰，在全村死伤惨重的情况下，张鹏云提议，富商王重新带头，建起了固若金汤的

古城堡。在此次修筑城堡过程中，王重新出钱出力，可谓实际的推动者和实施者。然而，在王氏崇祯十三年（1640）的碑刻《焕宇变中自记》中，王重新不敢居功，极力强调张鹏云的领导作用，赞其"极力倡议输财，以奠磐石之安"，并感慨道："斯时也，目击四方之乱，吾村可以高枕无忧，抑谁之力也？实张乡绅倡议成功，赐福多矣。"而张鹏云在崇祯八年正月城墙动工时撰文并立石的《郭谷（峪）修城碑记》中，也俨然以领导者自居：

> 余因与乡人议修城垣以自固，一切物料人工，悉乡人随意捐
> 输，富者出财，贫者出力，不足者伐庙、坟古柏以佐之。而以焕
> 宇王公董其事，众人分其劳。

论及富裕，张鹏云家族此时的状况远远比不上王重新，另有一事可为佐证。顺治元年（1644），李自成派刘芳亮等人率数万起义军占领阳城，设置官吏，使阳城变成了大顺政权的辖地。农民军实行"追赃助饷"政策，向诸乡宦缙绅索取重金，张鹏云即在其中。面对巨额索金，张氏"猝不能办，公（王重新）以万五千余贷之，无难色"护了张氏一族，为其解了燃眉之急。即便有如此实力，王重新事实上仍无法独立承担并领导修筑堡寨这一乡村公共事务，而是需要谋于张氏，可见张鹏云及其家族在当时村庄公共生活中占有毋庸置疑的领导地位。科举世家在这一时刻活动于台前，而富商大贾、最大的金主王重新则甘居幕后，二人之间似乎达成了一种默契。崇祯十一年（1638）四月，朝廷颁下奉旨叙劳疏，表彰山西阳城若干村庄自主修筑堡寨的行为，王重新及其子康明、熙明排列在村中众多缙绅之中，而张鹏云则被赞"克壮藩篱，实为领袖，准以建坊旌表"[1]。

丰腴的土地、发达的手工业、繁荣的商业在沁河流域造就了数个大的

---

[1] 陈雪：《王氏家族与郭峪堡寨》，载《寻根杂志》，2014年第1期。

马家院"丹凤朝阳"雕刻

集镇，比较著名的有润城镇、郭壁镇、窦庄镇、端氏镇等。在这些大的集镇中，商与官老宅院是并存相通的。我们来看亦官亦商的巴公镇，镇上除了恢宏的古建寺庙外，其老宅院建筑也十分考究，仅现存的官商老宅院就多达十几处，而且风格迥异，建造技艺精湛。其中位于南老街路东的"马家院"，为清顺治壬辰科进士、官居陕西略阳县令马如龙的府第。该院建于明嘉靖年间，共分为迎壁院、东西三院和书房院、花园六个部分。马家院最具有价值的当数其建筑雕刻艺术。其门楼上的垂花木雕、护门石雕刻的双狮滚球及照壁上雕刻的"丹凤朝阳"、"喜鹊登梅"、"双猫扑蝶"活灵活现，栩栩如生，楼檐、门窗、护栏上的木雕精湛绝伦。尤其门额上书写的"桥梓恩荣"和现存的"尚义"、"芝兰玉树"匾额，字迹苍劲，神韵非凡，不仅显现了马府深厚的文学修为，而且是难得的书法艺术珍品。村西南的"旗杆院"、北部村的"牛家院"和西部村的"张家院"、"当铺院"原是巴公镇最大的老宅院建筑群。这几处大院均建于清乾隆年间，以高大的门庭、华丽的厅房和精美的砖雕照壁最为著名。但由于历经百年风雨沧桑，大部分建筑已毁，现仅剩"张家院"、"张家祠堂"

和"当铺院"几处院落。[1]秦始皇时即为"阳阿县"治所的大阳古镇，在明清因冶炼和制针业发达，其社会经济得以鼎盛，镇上不少人家或读书出仕，或做工经商，达官贵人、商界巨贾纷纷显亲扬名于乡里，给后人留下了明清时期一座座老宅院。

郭峪陈家"商而优则仕"的经历，在泽商家族中是普遍存在的。和其他地区的晋商相比，泽州商人世代流淌的血液中，似乎有着很深的科举入仕情结，家族富裕起来之后，他们往往都会致力于子弟读书，博取个一功半名或者拿银子捐上个一官半职，也算是光宗耀祖。高平良户田氏家谱和碑志记载：田氏兴起，始于三世祖献，"献字主敬，号大梁……少颖卓，业儒，不屑雕虫，辄了大义，以家政易学治事，操衰殄赢，素封甲比间，乐施济间，竟不责偿受符，颂溢乡评，多以昌后赞之"。田祖献两代以后，家族开始兴盛，后辈既有商贾致富者又有文风传家者，到田氏第六世"可"字辈，进入第一个全盛时期，进士、举人连续不断。

在泽州县南村镇裴圪塔村有一座旗杆院，经考证，该院系清代光绪十六年（1890）裴绵龄所建。该院一进两院，大门坐南朝北，为插花式门楼，大门外竖有旗杆两根，木制红漆高三丈。第一院东西各五间楼房，四角四个小屋，南屋为三间楼阁式过厅，平面呈方形。穿厅而过，进入二院，正南为七间楼房，东西各三间楼房，四角皆有小屋。整个院落，古朴典雅，庄重稳健。裴绵龄，字益寿，原在南村镇杜掌柜（段匠人）开的万盛店当伙计，精通于冶炼铸造技术，深受杜掌柜青睐。当时有一位太谷人在大阳办炒铁炉，因经营不善，企业倒闭，经人说合，作价卖给了裴绵龄。裴买下炒铁炉后，起名为"吉星山"，由于懂技术、善经营，后又在河南、运城、阳城、晋城等地办起了以"吉"字号命名的13座企业，包括冶炼、铸造、油房、面粉加工等，城里街房店铺72

---

[1] 侯生哲、卢文祥主编：《巴公镇志》，山西省晋城市东凤彩印厂1998年印刷，第107页。

处，乡村土，700多亩，年收入达65万现洋。光绪十六年，裴绵龄花钱在朝廷买了个捐班贡生，始建旗杆院。既系贡生，当然名声很大，自有官员祝贺、赠匾，故大门处竖旗杆两根。插花楼上挂一立匾，高五尺，宽二尺半，蓝底金字，龙凤图案转边，上书"孝廉方正"四字。大门上挂一横匾，上书"大夫第"三字。大门左挂两横匾，上书"年高德昭"四字；大门右挂一横匾，上书"贡元"二字，旁书"贡生裴绵龄立"一行小字。自此，裴氏家族进入极盛时期。[1]

5. 大院的故事

在沁河老宅院中，有关商人讲得最多的是如何淘到第一桶金的故事。高平侯庄赵家，最初并不是侯庄的原住居民。赵家祖先原本是山西闻喜人，元末时避难从洪洞大槐树下迁到了石末，以打铁为生，担着扁担走四方。相传赵氏祖先外出游乡打铁途中，忽然听见肩上的桑木扁担发出"圪吱圪吱下海安，下到海安有吃穿"的声音，随即决定到海安闯一下。到达海安后天色已晚，就在一破屋借宿，不想半夜梦到有人将一串金钥匙给了他，并说此屋墙角埋有财宝，梦醒后，赵氏祖先果然在墙角青砖下挖出了大银锭，上面有一"赵"字，并且越挖越多。惊喜万分的赵氏祖先想起当时扁担之事，连忙跪在那根扁担面前叩头。赵氏发迹后，仍念念不忘那根为他们打开发财之门的桑木扁担，将桑木扁担油漆一新，常年供奉，视为神物。这个传说也使侯庄赵家增添了不少神秘色彩。

传说归传说，赵家祖先确实是在江南发家致富，并建立了永升商号。明末，赵氏子弟赵清之从南方请来一位风水先生为其选择新宅地，结果选中了侯庄，于是赵家正式迁到侯庄，赵清之也成了侯庄赵家的第一代东家。

在官宅中流传最多的是有关于女性的故事。

---

[1] 《南村镇志》编纂委员会：《南村镇志》，山西古籍出版社1995年版，第113~114页。

张五典晚年"度海内将乱"，便以太极教场为中心营造城堡。城内民宅，则于各独立体之间的二层设置过街楼道，明隔暗通，互相串联，一旦有急，便于逃生。城堡建成后，张五典又将窦氏祖茔旁边属于张氏的两个小院进行改造，恢宏旧制，高大门闾，门首书曰"尚书府"。因城堡布局形状类似紫禁城，于是原本平常的小村便有了"九门九关"的"小北京"之称，并由此演绎出一段张五典母亲想到北京看皇城的故事，但由于其母脚大脸丑，其貌难以示人，其子便在家乡私修皇城。

清代以后，这一故事出现了多个版本，并加在陈廷敬、王泰来等人的身上。传说陈廷敬在京做高官后，其母亲一直想去京城，但陈廷敬考虑到母亲年迈，不便长途跋涉，于是在祖宅外为母亲修建了一座城堡庄园式的"小北京"。当地还有一个民间传说，说富商王泰来母亲很想进京看看，但因年老体弱，不能远行，为了满足母亲愿望，王泰来便在家乡仿照京城的宫殿修了一座宅院，号称"紫金城"，据说面积有皇城两个大小。但这种豪华铺张行为，被一些大臣所嫉恨，奏至朝廷，上纲上线，说王泰来在家乡私自修建皇宫，蓄意谋反。皇帝很是恼火，王泰来遂被斩首于郊市。同一个故事三个人物的演绎，其实反映出的是当地社会对孝道的认识，这一认识最终得到了皇帝的认可，后来经查实王泰来是孝子，皇帝有些后悔，又派人到泽州王家调查核实，发现王泰来并非造反，所修院落虽大，但根本不是皇宫，又赐金头为其发葬。

而关于"窦庄城"，还有一段"夫人城"的故事。在窦庄城建好的第二年，明崇祯四年（1631）五月，张献忠与王嘉胤率农民起义军从陕西杀入山西。此时张五典已经去世，其子张铨殉国，儿孙们在外为官，家里只有张铨的妻子霍氏当家。六月二十六日，王嘉胤率领陕西农民军杀到窦庄、坪上，族人请霍氏远走"避之"，夫人说："避贼而出，家不保；出而遇贼，身更不保。等死耳，不如盍死于家。"夫人将庄中男女组织起来，组成护庄兵丁，日夜习武，看守庄园。史料记载，霍氏夫人将庄中的男丁六十七人、壮妇四十三人聚集起来日夜操练习武，看守家园。六月，起义军王自用率军攻打窦庄，霍氏夫人率僮仆家丁坚守城池，农民军攻打四昼夜后失败而去。第二年，起义军又两次攻打窦庄，均未破城。《明史》记载，泽潞各州县除了窦庄城堡外，俱为义军攻下。《明史·烈女传》记载，明兵备道王肇生上疏褒扬"窦庄城"为"夫人城"。皇帝还亲赐御笔"燕桂传芳"。后人写有《窦庄夫人城》诗一首：

死忠者臣死孝子，夫君已为封疆死；
夫人岂是偷生者，老翁白发儿毁齿；
天中夜半□怆明，沁河东西皆战垒；
尽散黄金作口粮，捐钗解佩如脱□；
千人万人齐下杵，刊山筑岩保乡间；
谁言兵气恐又扬，夜茄一声贼披靡；
春风春草年年绿，雉堞巍然通德里；
娘子军与夫人城，世俗评量徒尔尔。

窦庄凭借坚固的防城殊死抵抗，先后三次护佑周边百姓逃过战乱。张道濬在他的著作《兵燹琐记》、《从戎始末》中详细记述了这段历史。霍氏夫人的故事也是妇孺皆知，至今沁河鼓书里还保留有"霍夫人率民保庄"的段子。张铨还有个妹妹，这就是张凤仪，她嫁给了明末著名抗倭将领马千乘之子马祥龄，婚后随夫四处征战。有史为证：

宣慰马祥龄与妻张凤仪逐贼于侯家庄，贼王嘉允（胤）、王自用等分窜，祥龄与妻分逐之，军少败没。凤仪健勇，有母霍氏风，从姑良玉，男装击贼。（《蜀龟鉴》卷之一，页一七）
厥后夫妇分兵逐流贼王嘉允、王自用等于晋卫之间。张以孤军战没于侯家庄，祥麟乃南旋。张名凤仪，张忠烈公张铨女也，男装领石柱兵，故称马凤仪。（《补辑石柱厅志》土司第七，页六）

在窦庄还有一个与女性有关的"窦宪还田"的故事。东汉时，汉明帝有个女儿叫刘致，被封为沁水公主，据《后汉书·皇后纪》载，"汉制，皇女皆封县公主，仪服同列侯"，并为她在沁河边修了一个豪华的庄园叫沁园。汉章帝时，窦皇后的兄长窦宪依仗妹妹的权势，竟然以低价强买沁园。章帝得知后，非常恼怒，在一次巡游中，章帝故意来到沁园，问随行的窦宪："这是谁的地方？"窦宪无以回答。章帝大怒曰："贵主尚枉夺，况小民哉！国家弃宪如孤雏、腐鼠耳！"多亏窦皇后出面求情，窦宪把沁园还给公主，章帝才对窦宪从轻处罚。这就是《后汉书》上记载的窦宪还田的故事。陈廷敬的儿子陈壮履在一首《诸侄邀饮沁园》中，这样描述沁园：

> 村落衣冠古，园亭景物嘉。
> 檐垂当夏果，篱艳后庭花。
> 拔地青峰瘦，穿林碧水斜。
> 更无酬酢事，藉草酌流霞。

修建深宅大院，在一定程度上也迎合了富有者多资、多富、多寿的人生价值需求。"乾隆让嘉庆，米面憋破瓮。"乾隆、嘉庆时期是山西人经济实力最雄厚的一个时期，由于妻妾成群，子孙繁多，大多数明清时期所修宅院都具有大、阔的特点。大宅院里，还有专为未嫁女子而修建的绣楼院。

在沁河老宅院中，绣楼院多建在大院的深处。院内多有花草树木，亭台楼阁作点饰，如皇城相府中小姐院有假山、鱼池、玉石镶嵌的松鹤延年图，两侧还配有乾隆御笔的"苍松万古青永驻，云鹤千年寿无疆"的楹联，老宅院中小姐的闺中生活由此可见一斑。陈廷敬孙女——清代女诗人陈静渊，自幼聪颖，才华出众，诗书画俱佳，加之得益于家庭文化的熏陶，是康熙年间山西著名女诗人之一。她十七岁时嫁给河北沧州官至礼部郎中的卫封沛，卫封沛年少有才，本是郎才女貌的幸福姻缘，不料婚后不久，丈夫突然患癫痫病而亡，陈静渊回到娘家后想再嫁，由于遭到家族的反对，终未能如愿，其父陈豫朋念其凄苦，以"命中注定"来劝慰她，并为她居处专修"悟因楼"，楼名取"悟却前因，万虑皆消"之意。青春丧偶的她逐渐形成了多愁善感的诗风，带着无尽寂寞和痛苦的陈静渊最终在悟因楼中抑郁而亡，年仅二十二岁，留下诗集《悟因楼诗草》一部。现附录陈静渊诗七首：

春残

花飞絮舞又春残，最是愁人不忍看。
尽日掩扉成独坐，一炉香篆一蒲团。

夜坐

空庭寂寂晚风寒，月色溶溶映画栏。
无数扶疏花之影，小窗红烛坐更残。

七夕雨

云掩银河雨涤秋，俗传牛女话离愁。
人间自是多伤别，不信天孙亦泪流。

束装将赴沧州

怅望沧州千里余，未行先费几踌躇。
四方原是男儿志，闺阁何堪别故庐。

秋日感成

碧云黄叶晚秋时，瞥眼流光感鬓丝。
霜早霜迟惟雁觉，水寒水暖独鱼知。
闲中遣兴聊烹茗，病里祛愁偶赋诗。
篱菊幸开三径满，幽香偏于性相宜。

读书

郁郁愁萦万缕丝，遣排惟有读书宜。

寒宵静拥挑灯候，永昼闲谈啜茗时。

架上缥缃分甲乙，卷中人物别妍媸。

寻章摘句非关好，画荻还将课雉儿。

秋日即景

燕穿修竹舞，蝶傍桂花飞。

恋此清幽致，微寒透薄衣。

三、耕读传家:老宅院的生产、生活与风俗民情

1. 农耕与织造传统

《史记》记载："舜耕历山，渔雷泽，陶河滨，作什器于寿丘。"舜的出生地姚墟，位于沁水、垣曲交界处，现位于沁水县城西四十五公里处的历山，又叫舜王坪。舜王坪上留存有舜王庙，周围有沩、纳二泉，有大洪池、小洪池，有状如犁沟的遗痕，相传此即舜王躬耕处。舜王一生绝大部分时间以历山为中心活动，播撒五谷，观测天象，制定了黄河流域的《物候历》，历山西北之"可陶峪"相传为"舜陶河处"处。据考证，原始农业发端于舜在历山的耕作，时至今日，沁水一带仍保留着祭祀舜王的传统文化，每遇到农忙节气时候，当地人烧香祭祀，沁河流域现遗存较完整的舜庙有百余处之多，其中始建于元代的交口舜帝庙中保留着一副石柱楹联，这副楹联记载着舜为后人所留下的千秋万代的伟业：

地近历山怨慕号泣遗迹千载未泯，

势连蒲城明良喜起休风万古犹存。

沁河流域关于舜帝的种种故事更是口口相传于乡村社会中。例如，舜在考察历山后发现那里土地肥沃，四季如春，是个长五谷的好地方，就向他父亲瞽叟建议到历山开荒耕种，瞽叟和舜带着农具来到历山。清明过后，舜在开过的荒地中种下粟子、豆子、大麦、谷子等，秋后粮食丰收的消息轰动了四面八方，周围的人们纷纷跑来，学着舜的样子，耕种土地，收获庄稼，周围的村庄于是兴旺起来。几年过去了，舜领着百姓把历山建成人丁兴旺、五谷丰登的好地方。与此同时，在平阳（今山西临汾）尧王宫里，年老的尧王决定通过民间选贤的方式让位，有大臣推荐舜，尧王微服私访历山，看到历山巍巍，村庄成片，青麻片片，猪羊成群，桃李飘香，松柏掩翠，阳光普照，更有漫山遍野的庄稼，青年男女结伴劳动，唱着歌儿锄草，一片祥和欢乐的气氛。于是，尧决定将王位禅让于舜。[1]至今，历山附近的很多村名和地名，都和舜耕历山有关系。如"猪圈"这个村，相传是舜王养猪的地方；"猪娃岭"是舜放猪的所在；"马栅背"据传舜曾在这里养马；而"铡刀缝"则相传舜常常在此为马铡草。

对于舜与历山的传说，历代文人墨客自然不会吝啬笔墨，一首清代张尔塘所做的《登历山》就描绘出了人们的历史记忆和历山的美景：

> 古帝躬耕处，千秋迹已迷。
> 举头高山近，极目乱峰低。
> 花开闻幽径，泉声过远溪。
> 黄河遥人望，天际一虹霓。

传说舜"年二十以孝闻，年三十尧举之，年五十摄行天子事"，还倡导为人、持家、做官、治国均以道德为本。所以，沁河流域耕读文化源远流长，在许多老宅院的匾额上，常常会见到"耕读传家"或"耕与读"这几个字。

沁河流域老宅院"耕读传家"匾额

沁河流域老宅院"耕与读"匾额

---

[1] 晋城市民间文学集成编委会：《晋城市民间故事集成》上，内部发行，第15~16页。

耕田可以事稼穑，丰五谷，养家糊口，以立身命；读书可以知诗书，达礼义，修身养性，以立高德。所以，"耕读传家"在当地社会中流传甚广，深入民心。陈载是高平史书中记载的唯一一位状元，在陈载家老院左前院的门匾上刻着的"耕与读"三个字即源自"承前祖德勤和俭，启后子孙读与耕"诗句，表现了先辈希望子孙勤俭持家、刻苦读书的愿望。[1]樊庄村"致中和"院是明代著名的散曲家常伦家族的故居，在"致中和"院大门匾额背后镌刻着一副对联：

治家者持二字真符，曰勤曰俭；安身者宝两言妙诀，惟读惟耕。

在昔日被称为"小北京"的窦庄古堡村，有一座"耕读"的牌楼，牌楼后的老宅院是"耕读"之风在村落绵延流长的载体。根据修建时代的不同，窦庄老宅院可以分为三类：首先是窦庄古堡东南入口处一座窦氏宅院，宅院屋梁檐下记有"大宋"字样。宋晋城人李铣所撰《宋故赠左屯伟大将军窦府君碑铭》中记载了窦氏"耕读"的传世家风：

窦氏著望扶风旧矣。勋德伟烈，世不乏人。式淑范懿行，为椒房之冠；或磶绩钜功，登麟阁之列。载之青史，光耀炳然。

其次是明代勃兴的张氏宅院，修建有尚书府、五凤楼、望河楼、天桥、大花园、小花园等建筑群。第三类为常氏宅院，据传是清末官宦窦庄贾四爷随女陪嫁的一处豪宅大院。相传清末贾四爷才高而家贫，适逢科举之年，欲上京考取功名，苦于没有盘缠，当时常家虽并非巨富之户，但承传"耕读"之风，认定贾为可造之才，于是解囊相助，后来贾四爷果然功名成就，为报常家资助之恩，将女儿嫁给常家为媳，并以巨资建筑豪宅，

[1] 王广平、范永星主编：《文化马村》，金陵刻经处2010年印行，第85页。

作为陪嫁送与常家。

　　另外，从沁河流域现存老宅院的规划布局上，可以看到耕读传家的深厚文化传统，无论官宅还是商院，在大多数的老宅院中都建有书房院。沁水西文兴的柳氏家族几代人亦官亦商，并举全力修筑了建筑造诣极高的柳氏民居，但"耕读书香"院却是老院中的点睛之笔。高平边家沟李家是清初以织造起家的商贾大家，商号设至河北、山东、江浙等地，李家宅院有庭房院、东塔上院、西塔上院、小场院、牛屋院、浆房院、老院、前院、书房院、窑楼院等十余个院落，其中书房院是南北长、东西窄的四合院，东南出入，向南开门。该院建筑精致，严实封闭，可谓读书的好地方。[1]

高平陈区镇南河村赵家是清末至民国年间的商贾大户，赵家宅院是一个规模宏大的建筑群，现存九个院落中，书房院最大。[2] 以丝绸起家的高平牛村李家是清代乾嘉年间的商贾大户，李家大院是一处有十几院房屋的大宅院，该宅院正大门有两层高门楼，大门外檐下是两根大石柱，进大门是

清末官宦窦庄贾四爷随女陪嫁的一处豪宅

　　[1]　山西省政协《晋商史料全览》编辑委员会：《晋商史料全览》宅院卷，山西人民出版社2007年版，第108~109页。

　　[2]　山西省政协《晋商史料全览》编辑委员会：《晋商史料全览》宅院卷，山西人民出版社2007年版，第122页。

郭壁西北古堡的"青缃里"匾石

毕振姬宅院住房上的"鲸吞"匾额

李氏宗祠，宗祠北面是书房院，院门正上方双面牌匾分别题刻"耕读"，意在鞭策族人奋发耕田读书。[1]

郭壁村历史上曾产生过十六位进士，他们主要出自张、王、赵、韩四大名门望族，这些仕宦才子们的名字很多已被后人淡忘，但记载着家族荣耀的一座座"耕读院"依旧保存着。在郭壁西北的坡顶上还有一座宏伟古堡，古堡城门的石匾上镌刻着"青缃里"三个大字。青，青色也，也是青史的代称；缃，浅黄色也，也是书卷的代称。由两种色彩组成的"青缃"二字，指的是世传的家学，郭壁的书院就坐落在这里。清二品员外郎毕振姬退居伯方村后力田农耕，以老农自称，但整个宅院处处显示着侯门府第的尊贵和威严，尤其是书房院门上"鲸吞"二字，一般书香门第是不敢有此气势的。

高平陈区镇王村卫家是清末民初当地最为兴盛的农商大户，从创始人卫长春开始就对子弟读书非常重视。民国初年，卫家专门修建了书房院，聘请名师教授子弟。书房院位于卫氏宗祠的西面，是一层砖房，

---

[1] 山西省政协《晋商史料全览》编辑委员会：《晋商史料全览》家族人物卷，山西人民出版社2007年版，第265页。

并有戏台，总计房屋三十六间。[1]现存南北房屋各七间，西房三间，大门西南开，门上"耕读传家"四字清晰可辨。卫家书房除自家子弟读书外，也吸收本村一些子弟就学。1932年，卫家四少爷卫鸿熙，适应形势变化，与南河赵家、张壁的张家、石村的姬家联合投资，在王村兴办了"养正学校"。[2]

说到书院，不能不提到坐落于现在晋城市城区北街办事处的古书院，古书院是"程朱理学"的奠基者程颢先生（1032—1085）于宋治平四年（1067）在晋城任县令时的"治晋兴学"之地，程颐弘扬理学，在当地形成了崇尚耕读传家的兴学之风，使晋城一带学风兴盛，百姓"勤于力田，多嗜文学"。在沁河流域的留存的一通碑记中记录了新房屋建成后，以"耕读轩"命名的过程：

> 西崖子新筑室成，以"耕读轩"名之。请小泉为之记。小泉子曰："兹室之筑，左临东野，右临芹泮。毋乃以东野丛耕之地，芹泮萃学之所，使子若孙跂而东望焉，睹耒耜而思耕；歧而西听焉，闻书声而思读。名轩之义取诸此乎?"西崖子曰："有之，而犹未也。"小泉子曰："服商贾者，逐末之渐也；营钱谷者，竞利之端也。毋亦以耕以力本，学以明义。而末，而利，非所事欤。"西崖子曰："有之，而犹未也。"小泉子曰："耕不识也，请竟其说。"西崖子曰："吾先君云山主人，尝筑'乐耕庵'于云图谷，以耕隐自娱。吾先兄镶，克缵厥绪，吾家藉以厚生。又虑先世书香或陨，乃教钧亲师友、励志艺节以从学焉。钧奉以周旋，幸有今日。吾恐后之子孙，不知先世稼穑之艰难，读书之劳苦，入于骄逸。故举耳目之所逮者，以名诸轩，示不忘本

[1] 山西省政协《晋商史料全览》编辑委员会：《晋商史料全览》宅院卷，山西人民出版社2007年版，第163页。

[2] 政协山西省高平市委员会：《高平文史资料》（第八辑）《高平晋商史料》，2007年，第158页。

也。"小泉子曰："西崖子可谓笃于孝弟，而善于贻谋矣，夫不忘亲之谓孝，不忘兄之谓弟，贻子孙以安之谓善。今名轩而思及父兄，非不忘乎?思父兄而必 以耕读贻子孙非安乎? 安则厥心臧而无外慕矣，不忘则前烈笃而无分更矣。以是传家，武氏之业又焉有不永哉!"西崖子起而谢曰："教子孙以耕读，保先业于不坠者，钧之志也。若孝与弟。则吾岂敢。吾无忘子之言矣。当勒诸石以自勉。" [1]

　　从上文我们可以看出，"耕读之家"所说的"读"，不仅是读圣贤书考取功名，还要学"礼义廉耻"的做人道理，因为在古人看来，做人第一，道德至上，"士农工商"的四民社会皆为适用。阳城县润城镇屯城村张慎言故居书房院大门的一个牌坊上，"种德耕心"四个大字与"恭俭惟德"相互映照。在其他多处宅院大门牌坊上的"作德日休"、

张慎言故居"修思永"牌坊

"修思永"也都与"德"有关，可见主人对家人德行教育的重视程度。

　　沁河文化之耕不仅在于田耕，还在于笔耕。与明清两代大批名人官宦同时出现的，还有大批著述。

　　明阳城屯城人张慎言酷爱读书，勤于著述，为学颇有见地，思想和成就引人瞩目，他所著的诗歌和文章辑刻而成《泊水斋诗钞》、《泊水斋文钞》。泽州大阳镇人裴宇，嘉靖辛丑科（1541）进士，官全礼部尚书、

---

[1] 王充耕：《耕读轩记》，见城市地方志丛书编委会《晋城金石志》，海潮出版社1999年版，第547页。

工部尚书等职，留有著作《内山集》。沁水湘峪人孙居相著有《南北台奏疏》、《艺林伐山集》，孙鼎相著有《承恩堂遗稿》。窦庄张氏家族数代人都勤于笔耕，张五典著有《张司马文集》，张铨著述颇丰，其中《皇明国史纪闻》十二卷、四十余万字，以大事记形式记载了明洪武至正德一百五十余年的历史，言简意赅，内容丰富，是研究明史的重要资料，被编入《四库全书》。张道浚著有《丹坪内外集》、《奏草焚馀》、《兵燹琐记》和《从戎始末》等。张氏自张道浚之后，虽无高官，但在文化、教育方面小有成就，其家族后人留有《南村文集》、《窦庄小志》、《秋雨集》、《途说》、《臆说》、《读书抄》等著述。端氏镇坪上村刘东星与明代思想家李贽交情颇深，两人曾在坪上共住半年，他们常在灯下长谈，谈古论今，评点天下，共同完成中国哲学史上一部重要著作《明灯道古录》，对李贽的思想研究有重要的学术价值，还留有《史阁款语》等著作传世。清代高平伯方人毕振姬生平好学，勤于著述，著有《尚书注》、《西河遗教》、《四州文献》、《三川别志》等十余种，他的学生牛兆捷收集他的论、议等文，编为十二卷，请傅山点定作序，题名为《西北之文》。1937出版的《山右丛书初编》收入十一卷，第十二卷存目，无文。

此外，还有乔映伍的《白岩山房集》，白胤谦的《东谷集》、《归庸斋集》、《桑榆集》、《辇下新闻》、《林下晚闻》，白胤昌的《容安斋文集》等著作。

高平良户村的老宅院是沁河流域农耕社会"耕读传家"的文化生态缩影。明清两代，良户古村文风淳厚，文人志士辈出，先后出过田逢吉、田光复、田长文等进士，举人和秀才更多，村民以务农为主，商业、手工业发达，村中铁匠、铜匠、银匠铺、磨坊、染坊、油坊等一应俱全，当地

高平良户村老宅院魁文楼

小炉匠倒锅 老宅院磨盘

人现在仍保留了加工金银首饰、打铁倒锅等手艺，逢年过节都要祭祀祖先闹社火，晚上还有散路灯、打铁花、八音会等娱乐活动。从良户村大多老宅院遗留的门匾题字中可以看出，乡人注重文教，民风淳厚，无论是秩序严谨、等级明确的官家院落还是格局自由的商家院落，它们一个共同的特点就是在老宅院中犁、耙、锄、碾、磨等农具一应齐全，常年从事农业生产，将"耕读传家远，诗书继世长"作为传统家训。

"耕读传家"思想是传统社会中以"修身、齐家"为目的而提出的文化思想，它反映了古代社会中"士农工商"百业选择中基本的人文关怀与价值追求，具有深刻的伦理文化意蕴。

以楼院形式为主的传统民居建筑布局遍布整个沁河地区。三合院、四合院以至多院的建筑群正适应了当地男耕女织的生活与生产的需要，因为当时的家庭实际上是自给自足的小农经济个体组织，既是一个生产单位，也是一个消费单位，老宅院的建筑布局是明清以来沁河流域发达的小农经济、商业资本经济的需要。在许多宅院的房屋中，其还具有生产的功能，楼院大多是由两层楼房围成的院落。楼院一层一般作为居室，二层是贮藏粮食、农具、杂物的仓库，这种仓储方式避免了地面的潮湿，可防止物品腐烂。从材料上来说，晋东南传统民居有砖木结构、石木结构、砖包土坯，建筑形式为毛石砌筑墙体，也是有利于生产与居住的。

沁河流域两层楼房的老宅院　　　　　　传统砖木结构民居

　　从高平伯方村"藩宪第"总体布局看，除西面武书房院和穿堂院外，一条通道将宅院分为南北两大部分，其中北面为主体建筑，供主人居住读书，祭祀先祖；南面为次要建筑，供下人居住，饲养牲畜，安置碾磨。河西镇苏庄村杨家，是以磨制食用油而闻名高平的晋商大户，杨家油坊院坐北朝南，两进三合院，正南为大门。进大门为前院，东房三间，西敞棚三间，正北过花墙（今已不存）进里院。里院为典型的三合院，北堂楼三间，左右耳楼各两间，东西楼各三间。苏庄村沟底院是于清乾隆至嘉道年间创建的群体大宅院，原有大小院落十几个，现仅存南院、北院和账房院，其中，账房院坐北朝南，正北堂厅房为三间宫殿式建筑，东西厢房各五间，北面三间，南面二间，为普通封闭式房屋。此外，沟底院还有马房院、碾磨坊、粉房院、戏班子院等，都已毁坏。[1]沁河流域规模较大的老宅院中一般都具备生产功能，而且与日常生活有着密切的关系，常见的有磨坊院、油坊院、粉坊院、豆腐坊院等。

　　沁河地区自然环境优越，宜于农耕与织造，故有"勤于稼穑"、"务耕织"之说，旧方志记载，"沁居万山，土瘠地狭"，"民重农

---

　　[1]　政协山西省高平市委员会：《高平文史资料》（第八辑）《高平晋商史料》，2007年，第158页。

桑"，"士勤诵读，女多纺织，力田服贾，邑无游民"。[1]丝绸业作为沁河流域重要的家庭手工业之一，明清时期家家户户栽桑养蚕，缫丝是广大农民的主要收入，蚕桑作为一项传统产业在家庭经济中有着举足轻重的地位和作用，素有"一亩一株桑，种地不纳粮"之说。碑刻记载："尝思《书》云：'五亩之宅，树之以桑'，欲以使家给人足，各遂其生而然也。"[2]

植桑养蚕成为老宅院中的当然之事。

沁河流域栽桑养蚕历史悠久，最早可上溯到商周时代，距今已有三千多年的历史。《竹书纪年》载："汤二十四年，大旱，王祷雨于桑林，雨。"《穆天子传》载："天子四日休于获泽。""甲寅，天子作居范宫，以观桑者，乃饮于桑林。"编写于清代的《阳城县乡土志》对上文进行了解释：

> 古称濩泽，今曰阳城，析城王屋并在境内，商汤有事于桑林，汤祈雨处在今县治南六十里，周穆王曾休濩泽，见穆天子传。[3]

在沁河流域，至今还广泛流传着与蚕桑有关的历史传说，如养蚕神（嫘祖）、地桑神（马皇后）、天蚕神（马头娘）等蚕神传说。《史记·黄帝本纪》载："黄帝居轩辕之丘，而娶于西陵之女，是为嫘祖。"嫘祖发明植桑养蚕、缫丝制衣，使人类走出赤身裸体的荒蛮时代，和黄帝一道开创了中华民族男耕女织的农耕文明，被誉为"人文女祖"。阳城县河北镇九甲村有一棵已有三百多年树龄的古桑树，被当地人尊称为"地桑

---

[1] 《沁水县志逸稿》整理委员会：《沁水县志逸稿》，山西人民出版社2010年版，第40页。

[2] 《口子村禁约碑》，碑存高平市口子村关帝庙，大清戊申六年立。

[3] [清]杨念先撰：《山西省阳城县乡土志》民国二十三年（1934）铅印本，台北成文出版社1968年影印，第9页。

沁河流域嫘祖神庙

神"，沁河蚕农祭祀"地桑神"的情形为全国独有。天蚕神（马头娘）是民间关于蚕的来历的传说，据传古时一老者出门，家留一白马，女儿思念父亲，承诺白马寻回其父便嫁与它。当白马驮回父亲后，父却将马杀了。一日大风，马皮将女儿卷走，后来父亲在一棵树上找到女儿时，女儿已变成马皮裹着的蚕。[1]

唐宋时期，沁河流域的丝绸业已名扬天下。其中据《唐六典》卷二十"太府寺"条所记，全国麻织品此布产地分为九等，山西的泽、潞、沁州为四等产地。唐朝著名诗人李贺写过一首《染丝上春机》，盛赞这一地区丝织业的精美：

玉罂汲水桐花井，蒨丝沉水如云影。

美人懒态胭脂愁，春梭抛掷鸣高楼。

彩线结茸背复叠，白袷玉郎寄桃叶。

为君挑鸾作腰绶，愿君处处宜春酒。

有学者研究认为，在宋代，潞、泽一带已出现了家庭养蚕缫丝手工业专业户，其丝织品无论产量、质量和花色品种上，都大大超过了前代。[2]

---

[1] 乌丙安主编：《中国民间神谱》，辽宁人民出版社2007年版，第185页。

[2] 渠绍森：《山西与丝绸之路》，见政协山西省高平市委员会：《高平文史资料》（第八辑）《高平晋商史料》，2007年，第52页。

在沁水县发现的宋代墓葬砖雕中，其中有涣纱图，描绘的也是当地妇女汲水浸丝，穿梭纺织精致丝绸织品的动人情景。到了明代，缫丝新机械卧机的广泛应用推动了沁河流域丝织业的发展，卧机具有体积小、易操作等优点，促进了家庭手工丝织业的发展，因而在沁河流域出现了家家户户织绸缎的场景。据记载，潞绸业鼎盛时期，泽州府高平、阳城、陵川、沁水等县家庭作坊的潞绸业生产者多达数千家，从业人口十几万。顾炎武《肇域志》记述：

> 绫，太原、平阳、潞安三府及汾、泽二州俱出。绸，出潞安府，泽州间有之。帕，出平阳府，潞安府、泽州俱有，惟蒲州府及高平米山出者尤佳。[1]

这时，无论产量还是花色织工，潞绸早已领首于山西。除了在各省专卖之外，泽潞商帮更将本地产的丝绸出口到南洋、日本及俄罗斯等地。在《金瓶梅》一书中西门庆送给妻妾们的礼物，便是来自山西的潞绸。

清代是当地发展桑蚕的又一个重要时期。《高平县志》记载："尤宜桑，米山诸镇职蚕者多。"（同治版）"邑内产桑，妇女采以饲蚕，四十余日即成，茧抽丝得利可济困。"（光绪版）常伦有一首脍炙人口的诗词《沁水道中》描写了沁河人家植桑养蚕的场景。

> 处处人家蚕事忙，盈盈秦女把新桑。
> 黄金未遂秋卿意，骏马骄嘶官道旁。

据档案记载，乾隆三十六年（1771），在中原与新疆的丝绸贸易中，新疆伊犁、乌什、叶尔羌暨和闻、喀什噶尔等城贸易所需，不仅有南省灿

---

[1] [明]顾炎武：《肇域志》第十三册《山西》，上海古籍出版社2004年版，第882页。

缎七千三十正（分别由苏州、江宁、杭州三织造备办），而且有晋省（山西）泽纳一百二十正。在晋省提供的双丝泽纳一百二十正中，则由山西泽州府凤台、高平二县织办。次年，又要求新疆各处应力、绸缎均照各项数目色样，山西泽州府及江南苏州、江宁、杭州三织造衙门等，预备制造，并"解送甘肃应用，毋得粗糙塞责，并延误于咎"[1]。而《山西风土记》中也有类似的记载："蚕桑之利，南路各州县有之……如凤台、高平，岁出丝额约数千斤。"[2]

据老人们回忆，在老宅院中有许多关于养蚕的习俗。例如忌门，养蚕开始，蚕家门帘上钉一块红布，一般人见布止步，其目的是防止外人、生人、孕妇、未满百天的产妇等闯入蚕房，带来晦气和鬼怪。养蚕期间蚕房内都要处于封闭状态，蚕儿要搬家，将蚕掩盖，上放一块红布方可搬动；售茧时，用红布放于茧上面，再放新鲜桑叶若干片，还得放两小块炭方可出门，以防蚕娘飞走，再不回来。

在男耕女织的农耕文明时代，纺织成为维系家庭生活的必需，与老宅院一样，成为传统文化不可或缺的一部分。《隋书·地理志》记载："长平、上党人多重农桑，性优朴直，少轻诈。"[3]清代泽州知府钱塘人朱樟纂修的《泽州府志》中"风俗"篇写道："民重农桑，性多朴直，前代以来，多文雅之士。"阳城县横河镇马炼村有一处蚕姑庙遗址，每年农历三月三有庙会，当地人都要在这里给蚕神唱三天大戏，这一传统流传至今。庙里所立茧秤碑序写道："盖闻生民以来，居民乐业由此而出也，夫农养蚕、植桑、结茧、缫丝而成习，捐上乃闰国之珍宝，下可齐家立身理宜雯敬。"据统计，现在阳城县有两个乡和五个行政村都以桑命名，以桑命名的山川沟壑更是数不胜数。

---

[1] 《清高宗实录》卷七一二，乾隆二十九年六月甲申。

[2] 石荣嶂撰：《山西风土记》职业篇第三：《工匠》，见山西省地方志编纂委员会编：《山西旧志二种》，中华书局2006年版，第115页。

[3] 姚学甲等：乾隆《潞安府志》卷八，台北成文出版社1983年版，第35页。

> 山近无村水近楼，小桥烟火数家秋。
>
> 客来笑迎烹鸡黍，一话桑麻夜未休。

这首诗文生动地描述了当时沁河蚕桑业的发达盛况。

沁河流域繁盛的书香文化必然少不了笔墨纸砚，捞草纸是当地一种传统的手工造纸工艺。这种手工工艺起始于何朝何代，现已难以考证，但据记载，明末清初时当地运用这种工艺的造纸业就已十分繁荣，沁河沿岸的许多村庄几乎家家有作坊。捞草纸是将麦秸秆、水草、枸树皮、废纸等作为原材料，经过蒸煮、碾磨、撞穰等十几道工序的处理，生产出麻头纸（草宣纸）、黄毛纸等。其中，麦秸是捞纸的主要原料。捞纸的制作要经过"淋灰""锅蒸""淘洗""搅动""石碾""铺匀""撞穰""沉淀"等复杂的过程才能完成。毛纸的规格不一，不同的规格有不同的用途。捞草纸是祖辈们繁衍生息、兴家立业的手艺，也为保留沁河流域的耕读文化做出了重要的贡献。时至今日，我们还能看到沁河流域的人们以"耕读传家"为内容编写对联喜迎春节：

> 男耕女播广收田，儿军女读幸福全。
>
> 姑嫂田里播种忙，和家融洽春秋丰。

2. 老宅院中的雕饰与生活

我们今天所看到的沁河老宅院，是经过时间的考验演化而来的，每一座房屋都具有丰富的文化记忆，在这记忆中有莘莘学子朗朗的读书声，有官宦衣锦还乡的光彩，还有商贾巨富的金玉满堂。能工巧匠们以精湛的技艺，运用图像的"语言"，在斗拱、雀替、栋梁、照壁、柱础石、门罩等各个部位，将各种雕刻、绘画等艺术融成一体，通过植物、动物、人物、吉祥物、神仙等不同题材的图案，直观地反映出沁河人日常生活中外雄内秀的意味与旨趣。

高平河西镇苏庄村杨家，是清代至民国年间名闻沁河流域的晋商大户。从清乾隆到清末，杨家先后在苏庄村修建大小宅院多达近百个，素有"苏庄民居冠全县"之说。至今，杨氏宅院原貌已不复存在，但从现存精美的雕饰艺术中，我们仍然能够感受到当年大院人家生活的气息。

凤穿牡丹图案

杨家宅院厅房为宫殿式建筑，该厅最精华的地方是檐下的木雕"凤穿牡丹"图。吉祥图案"凤穿牡丹"取自于古代传说，凤为鸟中之王，牡丹为花中之王，凤穿牡丹寓意富贵，丹、凤结合，象征着美好、光明和幸福。民间常把以凤凰、牡丹为主题的纹样，称之为"凤穿牡丹"、"凤喜牡丹"及"牡丹引凤"等，视为祥瑞、美好、富贵的象征。在杨家宅院精美的雕饰中，还有由两只狮子和一个绣球构成的狮子舞绣球传统吉祥图案，狮子为古代汉族人民心目中的瑞兽，有威严的外貌，在我国古代被视为法的拥护者。在佛教中，它又是寺院等建筑的守护者，是释迦左臂侍文殊菩萨乘坐的神兽，绣球是用纺织品仿绣球花制作的圆球，被视为吉祥喜庆之物。大户人家常雕巨型狮子镇宅辟邪。"狮子滚绣球"表示喜庆吉祥欢乐之意。

同在高平的毕氏老宅院"藩宪第"的雕饰有梅花、莲花、桃花、竹花、菊花等，取意子孙康健，四季平安。在"藩宪第"的文书房院正堂房大门枋中，镂空雕刻一幅梅花和六只喜鹊组成的图案，正中一只大喜鹊，旁边五只，形态各异，穿行于梅枝之间，栩栩如生，十分精美，中间镂空雕刻喜鹊梅花，意为喜鹊闹梅。喜鹊寓意"喜"，据晋代《禽经·灵鹊兆喜》、《开元天宝遗事》记载："时人之家，闻喜鹊声皆以为喜兆，故谓喜鹊报喜。"六只喜鹊就是六合之喜；梅梢寓意"眉梢"，梅花又是报春之花，梅梢上站立着喜鹊，寓意为：喜鹊闹梅，喜上眉梢，喜报春光。毕氏西厢房全部雕饰连枝牡丹，取意子孙满堂，世代富贵。东厢房雕的是蝙蝠、鹿、松，取意福禄寿常存，福禄临门。[1]

狮子滚绣球图案

沁河老宅院中的雕饰反映出当地人对生活的方方面面的追求，其最终可以归结为《尚书·洪范》中提到的"五福"："一曰寿，二曰富，三曰康宁，四曰攸好德，五曰考终命。""五福常驻，主家安宁。""福、禄、寿、喜、安"最贴近百姓日常生活，祈福纳吉是沁河老宅院雕饰对生活最好的阐释，雕饰以静态与永久的方式表达着民众对生活的关注，除凤穿牡丹、喜鹊登梅表达福喜外，在许多老宅院的大门上方中央和两侧，均刻有门联，言简意赅地反映出人们对生活的追求。如"开门大吉"、"迎春纳福"、"吉祥如意"、"五福临门"等横批，既有内涵又有形式之美。

皇城相府以花卉植物为题材的雕饰非常多，多雕以牡丹花、荷花、松、竹、梅等，以祥禽瑞兽穿插其中，组成一幅幅表达吉祥寓意的画面，重在对福、禄、寿的祈求。窦庄常家大院影壁墙墙面采用六边形花砖整齐拼贴，柱体结构顶端以圆雕砖雕花瓶、荷花装饰象征主人向往平安和睦的生活。

---

[1] 政协山西省高平市委员会：《高平文史资料》（第八辑）《高平晋商史料》，2007年，第158页。

在雕饰中还有八仙庆寿、子孙万代、鹤鹿同春、万字锦等图案表达了对子嗣兴旺、家族平安、仕途平坦美好愿望的寄托。如高平市故关村的老宅院主体图案是南瓜，南瓜雕成灯笼状镶嵌在两根柱子中间，多籽的南瓜与葫芦

沁河老宅院中寓意吉祥的匾额

既反映了中国古代农耕社会的兴家之道，又表达了希望多子多孙、家族人丁兴旺的质朴想法。

沁河老宅院中的雕饰取材于最常见的砖、石等材料，但却以意、形、音的方式，或明示或暗寓富含哲理的吉祥文化，图案中的葡萄、花生、蝙蝠等各类物品，无不取其谐音，如多子多福、松鹤延年、人财兴旺、双狮护门、五福捧寿、麒麟送子、四狮护栏、梅兰竹菊等等，彰显了宅院主人的生活追求。

沁河老宅院门口的枕石有抱鼓、石狮子等造型。这些建筑构件往往彰显着宅院主人的社会地位与财富，同时在现实生活中也饱含着对功名利禄的追求。抱鼓石是沁河老宅院中重要的雕饰物，但并不是所有的院子都可以设置。抱鼓石是功名的标志，家族中有人做官才可以在门口装饰相对的抱鼓石。孔子在《论语·阳货》中讲过: "礼云礼云，玉帛云乎哉? 乐云乐云，钟鼓云乎哉?" 即钟鼓齐鸣是有官位者的象征，在《宋史》中规定五品以上官员门前才可立门鼓石。

因明清时期沁河流域所出官人众多，因此，在许多老宅院的大门口

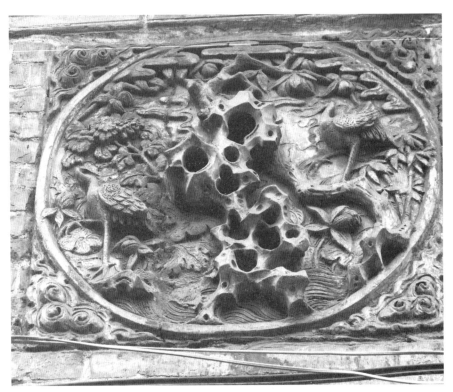

梅兰竹菊

都有抱鼓石，砥洎城一座老宅院的门口留有一个刻有鹿鹤同春图案的抱鼓石，在传统建筑装饰中，鹿的形象更表达了人们追求世代福寿绵绵、加官进禄的美好愿望，鹤则代表吉祥长寿，鹿鹤同春就是六合同春。六合含义广泛深刻，《庄子·齐物论》载："六合之外，圣人存而不论。"这里的六合是指东西南北天地。《淮南子·时则》称："六合：孟春与孟秋为合，仲春与仲秋为合，季春与季冬为合。"在

抱鼓石上的鹿鹤同春图案

松鹤延年图　　　　　　　　　　　　二龙戏珠图

这里，六合指的是一年十二个月中季节变化。此外，六合还指古代的良辰吉日，即子与丑相合，寅与亥相合，卯与戌相合，辰与酉相合，巳与申相合，午与未相合，称为六合，隐喻着"六合通顺"，即门合通，万事成，一旦踏入宅院大门，六合通顺，诸事可成。

　　阳城县皇城相府门墩顶端的雕饰是一对狮子，雄狮用左爪踩绣球，雌狮立其右爪握小狮，门墩石狮即是避邪驱恶、看守门户的象征，也蕴含宅院主人子嗣昌盛、世代高官的美好愿望。柳氏宅院的石狮在沁河老宅院中最具有代表性，有单狮、双狮，也有三狮、四狮、六狮等，取意为清代高官太师太傅太保、少师少傅少保的吉意，表达了人们对高官厚禄的追求。

　　此外，沁河老宅院的雕饰中还有猴子骑在鹿身上挑马蜂窝的构图，取意为"喜禄封侯"，猴子耍三圈立意在"连中三元"。另有五子登科、马上封侯、加官晋爵、松鹤延年、二龙戏珠等图案。

　　虽说是老宅院大多都是方砖墁地、梁柱滚金的深宅，但宅院主人无论是为官还是经商，都不会忘记高风亮节的君子德行。曾国藩有句名言："食可以无肉，居不可无竹。"修竹茂林是君子所居之地，老院主人将竹枝作为房屋雕饰，借助竹的高风亮节勉励自己实践风高气节的生活理念。类似的雕饰还有"慎俭德"、"居之安"、"淳风"、"静观"、"洞达"、"诒多福"、"积善轩"、"瑞霭居"等匾额，这些雕饰用砖、石、木等材料精心制作题写，做工精细，内容博采，既有装饰门面的作用，同时还可以展示宅第主人相应的生活品位。

柳氏宅院"积善轩"雕刻　　　　　柳氏宅院"瑞霭居"雕刻

在柳氏老宅院中，还有多个国画风格的大型雕饰照壁，体现了柳家人的儒雅。大院中还有很多地方绘有松竹梅岁寒三友，虽然砖石是一片青灰，但也会使人想到其"坚忍"、"高节"和"不要人夸好颜色，只留清气满乾坤"的品质。[1]老宅院还有一个和合二仙的雕饰，传说宋朝时"杭城以腊月祀万回哥哥，其像蓬头笑面，身穿绿衣，左手擎鼓，右手执棒，云是'和合之神'。祀之可使人在万里外亦能回来，故曰万回"。和合之神后来分为二神，称"和合二仙"，二仙一持荷花，一捧圆盒，取和睦同心、生意顺利之意，将传说中的和合神仙雕刻于门庭，可谓一举两得。尊迎"万回"之神，说明旅外经商的不易和家人对频繁远足他乡亲人的祈盼之情。

儒贾相通、义利相通观是明清以来沁河地域文化的一个重要特征。以勤、俭、诚、义持家的家风礼教对于维系几代人发达的作用不容小觑，此类修身养性的雕饰在大院文化中占了很重要的位置，如乐天伦、德星朗耀、学吃亏、善为宝、万善同归、慎俭德、慎言语、辑熙轩、观光第、稍可轩、载籍之光等等，这其中既有读书修身之道，又有为人处世的要诀。可以说，大院的雕饰渗透了传统社会对生活认识的精髓。在柳氏老院落的一堵大影壁墙上面是如意纹饰六神狮，取繁花似锦、富贵永久之

---

[1] 王良、潘保安主编：《柳氏民居与柳宗元》，中国文联出版社2004年版，第69页。

意；下面饰物为一枝荷花，周饰竹、丝，立意是和和睦睦，一品青莲，既有修身的要求，也有做人的目标。唐代刘禹锡的《陋室铭》有"谈笑有鸿儒，往来无白丁。无丝竹之乱耳，无案牍之劳形"句，丝竹泛指声色之娱，而此处丝、书则取诗书不荒、礼仪传家之意。在"天恩浩荡"的匾额下，有一副楹联让人对柳氏家族重读书、重修养的家规肃然起敬，上联是"养成大度方

万善同归雕饰

为贵"，下联是"学到痴愚便是贤"。生有涯，学无涯，这是圣人的教诲，也是生活的证悟。[1]

中国建筑的传统属性历来有"吉"与"凶"的两个方面，因此强调好的建筑除要有福禄寿禧、聚敛财气的功能外，建筑细部如雕饰部分等常常会看到一些惩凶辟邪的图案，如虎、八卦、宝剑、桃枝等。因此，百姓生活中关注的驱除瘟疫、镇邪禳灾的主题常常在建装饰筑中表现出来，如老宅院门口都有两个石墩或石狮，作为镇宅辟邪之用。在入院门口处，都立有照壁，不让房屋正门正对院门，以避邪气正冲大门，有辟邪含义的还有建筑屋顶上的鸱吻、而山尖上的悬鱼惹草被认为有压火祛灾的功能。三星高照也是大院中人最常见的一景，将福、禄、寿的塑图雕刻在门额、房梁、屏风上以保阖家幸福安康。八仙雕刻通常是将民间传说的八仙所执宝葫芦、铁拐杖之类的神器嵌入长栏、门饰，祈求八位仙人暗中保佑，这一手法叫暗八仙，其他具有消灾避祸功能的雕饰有天

---

[1] 王良、潘保安主编：《柳氏民居与柳宗元》，中国文联出版社2004年版，第24页。

建筑屋顶上的鸱吻

福禄图

寿字图

中避邪、事事如意、吉庆平安、八卦图等，而在屋脊上雕刻有龙头、麒麟等吉祥兽石雕也有避凶趋吉的意思在里边。

伦理教化、忠孝之道是民居建筑木雕装饰中最具精神教化意义的题材，多以历史典故、生活生产场景等，借以褒扬孝悌、忠信、仁义，昭示人伦之轨、儒家之礼，令人触环境之景而生尊老爱幼之情，耳濡目染而习修身齐家之道，潜移默化地对人们进行道德教化。常见的伦理教化题材有渔樵耕读、桃园结义、竹林七贤、二十四孝、堂前教子、刘海戏金蟾这些民间耳熟能详的故事。

在沁河老宅院中，你可以看到各种雕饰集中于一个建筑体中，往往把不同的场景和人物或者一出戏、一个故事的几个情节组合在一个画面，好似在用各种各样的声音表达着多姿多彩的生活诉求。例如现嵩峪马芳的总兵府第院大门内迎面为高约2.2米、宽1.3米的整块青石照壁，上部刻着阴阳八卦，中部为梅花鹿，下部是两只奔牛，左右为菊花和牡丹，刀法娴熟，雕刻精美，既有八卦镇邪，又有牛鹿富贵，还有菊花和牡丹的高雅。

高平河西镇苏庄村杨家东棱上院的雕饰集中体现在墀头和照壁上，进院迎面山墙的砖雕照壁四角各浮雕三角图，下面两角为莲花牡丹，上面两角为仙鹤祥云。两边和额部双层三棱边框内，高浮雕十九幅仙人瑞兽祥花图。额部横雕五幅，中间麒麟，两边小象，再两边

桃园结义图

一为牡丹，一为青莲。照壁下置须弥座，雕芳草，仰覆莲海水牙子。左右边框外为半圆雕檐柱，其中柱间额枋和雀梯雕花，保存最好，中雕仙马，寓意一路平安，枋头雕凤穿牡丹，雀替雕"狮子舞绣球"，枋上三组雕花斗拱，拱间雕两幅仙人骑兽图。该照壁雕工精美，磨制细腻，特别是其中人物雕像，惟妙惟肖，栩栩如生。墀头砖雕多是寓意吉祥富贵福禄寿"三星高照"的瑞草、花卉、吉祥鸟等。东面镂空雕刻意为事事如意；西面镂空雕刻鲤鱼莲花，意为鲤鱼跳龙门。武书房院正堂房，枋两边和雀替，全部平雕方夔龙，上面雕刻比较复杂，多是牡丹、莲花、凤凰之类花鸟。最精致的要数府门正对的大照壁，下面雕砌古典式大石座，上面青砖雕砌枋梁斗拱，筒瓦琉璃脊饰盖顶，中间高浮雕一幅麒麟送子图，四角雕刻祥云蝙蝠，虽已毁多年，至今人们仍记忆犹新。[1]

苏庄村李家院雕饰最精的要数庭房院额枋和雀替的木雕，全是镂空透雕的吉祥图案，有丹凤朝阳、富贵牡丹、冬梅秋菊、鞍马麒麟，有戏剧故事、古城会、三英战吕布等（多数被盗），象征四季皆平安、福禄寿临

---

[1] 政协山西省高平市委员会：《高平文史资料》（第八辑）《高平晋商史料》，2007年，第159~160页。

老宅院窗户雕饰（一）

老宅院窗户雕饰（二）

门的美好愿望。另外，厅房内后墙的大竖屏也是一件雕刻精品，总共十二块，上面棂格部为绸缎装裱的蓝底金字书法作品，下面裙板部为浮雕的吉祥图案，可惜前几年被盗，无法详述。还有西堎上院二大门和庭房额枋、雀替，雕刻也有特色，多是浮雕。[1]

　　窗户是建筑的眼睛，窗户雕饰是老宅院下功夫精雕细刻的部分。窗格做成式样繁多的吉祥图案或图形，层层门窗做工精细巧妙，与实墙构成鲜明的对比。柳氏老院的每一扇窗都是一幅意境深远的画，如用杏林春宴、

---

　　[1]　政协山西省高平市委员会：《高平文史资料》（第八辑）《高平晋商史料》，2007年，第160页。

柳氏司马第宅院书卷窗饰

凤凰牡丹、喜鹊登梅等图案组成的窗户。窗户雕饰以窗作画,不仅化解了高墙深院的幽深感, 更是以窗寄情,把文化融于建筑装饰中,营造出独特的生活氛围。

柳氏的司马第宅院的窗饰还设计成打开的书卷,正面上看书册凹进去, 从楼上看书卷凸起来,匠心独运,功夫恰到好处。在另一处宅院里,一扇后窗设计成仿似书轴上打开的书,立意在于开卷有益。沁河民居窗户雕饰艺术不但千姿百态,奇特精美,而且更有巧夺天工的剪纸为其添光增色。在窗户上粘贴剪纸图案,称之为"窗花",从沁河民居窗户式样来看, 主要是利用各种花纹,再在窗棂上嵌以白色窗纸。所以, 在洁白的窗纸上贴以红色的"窗花", 格外引人注目,具有很强的装饰性。

看了这么多的雕饰,我们不能不关注打造这些雕饰的艺术家们。随着时间的流逝, 在老宅院中已难寻觅雕工巧匠的身影,但从民间传说故事中却能看到其手艺绝活。高平有句歇后语"张壁石匠——冒圪锻",意思是"试试看"。关于这句话有个故事:相传在很久以前,张壁村出了个石匠, 心灵手巧,手艺出众,从来不说过头话。有人找他干活,他总是会说: "冒圪锻吧。"但雕刻出来的人面马头花鸟鱼虫千姿百态、活灵活现, 谁见了谁夸,时间一久,大伙就都叫他"冒圪锻"师傅。

有一年, 朝廷修造逍遥宫,要在民间选拔一批能工巧匠, "冒圪锻"被选进了京城。皇帝传圣旨,要求被选中的工匠做一件见面礼,得头名者可当石工总监。第一个石匠选中石算盘,第二个选中了"蝈蝈笼",

第三名该"冒圪锻"了，选官问他："你选个什么物件？"他思谋了一会儿说："冒圪锻吧。"选官听不懂他说啥，还以为是高级活儿，也就答应了。十天过去了，头一个石匠交来石算盘，嗬，好漂亮！一面两格十三档的算盘小巧玲珑，珠子拨拉起来噼啪有声，架框上还雕刻着花鸟。第二个石匠交来"蝈蝈笼"，那石雕的竹笼，连竹节都能看出来，笼里插着一朵瓜花、一截大葱，水灵灵的，还有露水珠在上头；竹笼中的蝈蝈，有腿有翅膀，长长的胡须还一颤一颤地抖动哩。轮到"冒圪锻"了，他拿出来的是个极普通的石狮子，光身子、秃尾巴，一副萎靡不振、有气无力的样子。选官一瞧，勃然大怒，一怒之下，甩开长袖，将石狮子拂落在地。"啪"一声，石狮子摔了个粉碎。谁知道这一摔之后奇迹出现了，在那碎石片里，钻出来几个小狮子，有卧的，有站的，有弓身打闹的，有翻腾跳跃的，一个个憨头憨脑，委实可爱，把在场的人都看傻了眼。"冒圪锻"不紧不慢地说："我这物件就得摔哩！你没看，摔碎的是头母狮，怀着崽，不开膛破肚，小狮子能出来吗？"于是，"冒圪锻"一举夺魁，当了石工总监。[1]

除了雕饰外，炕围画也是沁河老宅院中富有生活气息的装饰。虽然这种艺术品和窗花一样，在老宅院中难寻踪迹，但在地方志与老人的回忆中还是栩栩如生。在沁河流域，火炕是一家人必不可少的活动场所，人们的寝食娱乐等日常生活的行为几乎都离不开火炕。大户人家火炕周围的墙面是重要的装饰部位，炕围画就是在绕炕周围一米高、数米长的墙面上绘制的彩画装饰，其绘画的题材相当广泛，传统戏曲、历史人物、壮丽山河、花鸟鱼虫、五谷丰登甚至蔬菜水果都成了人们寄托情趣意味的题材，还有祥禽瑞兽、花草、神祇、人物故事、器物、锦纹和字符等。其中所绘祥禽瑞兽有龙、凤、麒麟、狮子、虎、鹿、龟、猴、羊、鼠、鹤、鸡、鹭鸶、绶带鸟、鸳鸯、鱼、蟾蜍等，所绘花草有牡丹、荷花、宝相花、兰花、玉

---

[1] 晋城市民间文学集成编委会：《晋城市民间故事集成》上，内部发行，第589~590页。

兰、海棠、菊花、松、竹、梅等,神祇有福禄寿三星、魁星、八仙等。炕围画上的人物故事多取材于《封神演义》、《三国演义》、《西游记》等古典名著,杨家将、郭子仪祝寿等戏曲,以及白蛇传、刘海戏金蟾等神话传说,炎帝尝毒身亡、商汤焚身祷雨、明公奏本除奸臣、赵珠行医告御状、祁贡看戏拒官、毕振姬智撵贪官等故事。总之,炕围画是人们日常生活中形成的道德、文化以及习俗的综合反映。

3. 风俗民情

在沁河流域的老宅院门前,常常能看到一块插板从门框底部嵌入,插板大多有两尺高,这插板就是高高的门槛。我的老家在高平,小时候回老家印象最深的就是老房子的门槛。由于门槛太高,尽管大人们常常提醒进屋时要抬高腿,但仍然会在不注意时会被绊倒。为什么要修如此高的门槛?着实让人有些不好理解,尤其是那些穿长袍短褂的老祖宗们,要想顺利地跨过这么高的门槛一定不会很轻松。对于老宅院的高门槛,按照最为通俗的理解,是在农村,家里不但住人,还要存粮食,因此,门槛高一些可以阻挡住外面猫、

沁河流域老宅院门槛(一)

沁河流域老宅院门槛(二)

狗、老鼠进入。但当地人也常说“门槛高,贵人多”“高筑门槛广聚财,顺顺当当迈过来”,看来老宅院高高门槛的风俗象征意义要远远大于

门槛的实用价值。[1]

那么，跨过高高的门槛我们还可以看到老宅院中哪些风俗民情呢？

耕读传家不但讲"诗书礼仪"，而且还要讲"自给自足"，老宅院吃穿住用功能一应俱全。在沁河流域，老宅院中有专门的厨房院，阳城南安阳村潘家十三院有一处院落就叫厨房院，高平凤和村李府老宅，院内布局分为上、下、东、西四区，下区后院便为膳房院。[2]而在一般院落中，也都会设有专门的厨房，按照传统习俗，在南北、东西房角落中的耳房，一般用来做厨房，在有的大院中，会有好几个厨房，并且有大小之分。厨房中的灶一般是土围灶，南墙上内嵌一壁橱，用来堆放杂物，诸如烛台、茶杯之类的物品可纳入其中。因为当地盛产铁器，所以厨房灶具以铁制品为主，烧开水用铁壶，煮饭用铁锅，熬米汤则喜用砂锅，盛米汤爱用木头勺，盛饭常用铁勺，吃饭用瓷碗。[3]沁河流域的人们以农耕为主，当地盛产小米、谷子等，当地人三餐饮食基本上是种什么吃什么。在靠天吃饭的日子里，当地老百姓对于大院内的饮食多有些神秘感，传说住在老宅院的人家一天吃七顿饭，顿顿是好吃的，"清早起红糖水两颗鸡蛋，到饭时吃稀粥不吃糊饭。半前晌吃揪片砰砰捣蒜，正晌午干河捞又干两碗。半晚夕坐油锅炸

沁河流域老宅院中的土围灶

[1] 王良、潘保安主编：《柳氏民居与柳宗元》，中国文联出版社2004年版，第69页。

[2] 山西省政协《晋商史料全览》编辑委员会：《晋商史料全览》宅院卷，山西人民出版社2007年版，第126页。

[3] 《南山村志》编纂委员会：《南山村志》，1996年山西省内部发行，第67页。

吃肉丸，到黑来喝汤面荷包鸡蛋，吃罢饭炒玉茭糖稀圪脑"[1]。但据老人们回忆，大户人家的日常饭食与普通百姓人家区别不大，在宅院中主人与佣人基本上也都吃一样的，早饭以小米为主粮，喝小米稀粥，吃玉米面（内加玉米圪糁、玉米粒或糠面）；午吃小米干饭、稠饭（有的加菜）或杂面面条（二合面，即小粉加豆面或榆皮面）；晚饭吃小米（小米加玉米仁或玉米面疙瘩）稀饭或和子饭，还有风味独特，越吃越香，让人回味无穷的米羹。这种米羹是用小米、玉米圪糁、黑豆瓣、萝卜片、干豆角、干豆叶菜制成。做米羹时支上一口大铁锅，再用慢炖，一会儿即可做成米羹。

常吃的蔬菜有红白萝卜、白菜、豆角、红薯、马铃薯、韭菜等菜，具体做时以大杂烩菜为主。为了确保过冬时有菜吃，人们把小白菜、芥菜叶及刺菜、杨桃叶等野菜洗净煮成半熟，按在缸里，灌上煮面的面汤，放在火边发酵腌制成一种叫浆水菜的东西，这便是当地过冬的主菜。所谓"糠菜半年粮"中的菜即指这种菜。[2]另外，人们还腌咸菜，将红白萝卜或芥菜洗净切成细丝，分别用食盐拌匀，按在缸里，以备冬春配饭食用。因此，在大院的厨房中一定会存有很多大大小小的缸。

沁河流域老宅院厨房中的缸

当然，所述都是人们平时的食谱，沁河人也有改善生活的时候。由于受传统文化的影响，当地对逢年过节、祝寿开锁、做满月、婚丧嫁娶等风俗民情特别重视，因此老宅院中还有厅房，是专门待客和办宴席的

[1]　《凤和志》编纂委员会：《凤和志》卷九"民情风俗"（二），（香港）天马出版有限公司2006年版。

[2]　《南山村志》编纂委员会：《南山村志》，1996年山西省内部发行，第63页。

地方。高平凤和村李府老宅原有大小十四个院落，有厅（七间）院专用于过节、聚会、会客、办事之用。

而这些风俗活动大多都围绕着吃在进行着。

男大当婚，女大当嫁。沁河流域老宅院中的男女婚姻大事一般是听从"父母之命，媒妁之言"，其过程烦琐复杂，在提亲时讲究门当户对，大宅一般一定会对大院。以沁水贾寨嘉靖二十九年进士、曾任工部主事陈策的家族为例，陈策家族与泽州大阳孟氏、裴氏、王氏有联姻。陈策次子陈继浩娶大阳孟顸之女，孟氏家族是明代泽州最有声望的官宦世家之一，共有七人中进士。陈策的一个女儿嫁给了大阳王达孝，王家代表性人物有永乐朝曾任太仆寺丞的王选、嘉靖朝曾任宁羌知州的王儒、万历朝曾担任霸州知州的王国士。[1]

提亲是否成功是通过客饭来知晓的。男方到女方家提亲，女方家做饭很有讲究，吃扯面或饺子，表示成事，往一块儿撮合；吃刀切面或撅片，表示一刀两断或撅开，事不成。[2]

如果提亲成功，举办婚宴就是大事。办婚宴时，宴席分"十大碗"、"八八宴"、"六六宴"好几种，所上之菜包括木耳圪贝、烧大葱、毛头丸、过油肉、小酥肉、糊卜肉、糖醋溜丸、油圪麻、天河蛋、甜饭等，其中"十大碗"是当地最著名的宴席。据说"十大碗"源起于公元前262年的长平之战。在长平之战中秦国大将白起大败纸上谈兵的赵国大将赵括，将手无寸铁的赵国四十万将士活埋，演出了历史上"白起坑赵"的悲剧。赵国幸存者跑回邯郸报与赵国君主，君主一听噩耗，痛哭流涕，下令举国上下披麻戴孝，哀悼三天，并派廉颇老将率领千人穿白衣返回长平设灵堂祭奠死难者。廉颇设下百桌筵席祭祀英灵，供菜刚摆桌上，突然一声雷响，倾盆大雨从天而降，使供桌上碗里的食物全成泡汤。据说这是苍天为赵国四十万之魂流下了泪水。后经历代改革，长平水席"十大碗"流传于

[1] 陈继浩：《陈继洛墓志铭》。

[2] 许政忠、张春和：《长畛村志》，2007年山西省内部发行，第295页。

沁河流域各村，成了迎宾送客、男婚女嫁、生日寿辰的必备宴席。

尽管故事的源起一样，但在沁河流域各县"十大碗"的菜品还不尽相同。如在高平就是水白肉、核桃肉、小酥肉、天河蛋、扁豆汤、软米饭、川汤肉、肠子汤、豆腐汤、水氽丸子，而在泽州是将天河蛋换成了烧大葱，核桃肉换成了糊卜肉。"十大碗"具体到个别菜品还有典故，相传八国联军打进北京时，慈禧太后出走西行，路过泽州（今山西晋城市）时，知府设宴接风，请慈禧太后品尝地方名菜"十大碗"。宴席上，知府献媚取宠，夸起"十大碗"，并一一介绍各碗菜的名称。可是，点来点去只有九碗，知府大惊失色，急忙悄悄地让手下人传唤厨师，厨师们闻听个个吓得呆若木鸡。原来，慈禧太后来的前一天，知府调集了地方有名的厨师，当面训话，做好"十大碗"有赏，否则要有欺君之罪。厨师们谁也不敢怠慢，当天就精心做了"十大碗"，不料晚上有几只老鼠把其中一碗偷吃了，第二天早上，厨师们没有检查，未能发现。正在惊恐之际，一位厨师急中生智，把案头上仅有的几棵葱切了几刀，裹了点肉，用油一炒，匆匆送上。结果，宴席上唯有这碗"烧大葱"被吃得一干二净。从此，"烧大葱"便在沁河一带流传开了。

又据说在清代，泽州府东沟村有一大户人家的儿子胡四要为老母亲做八十大寿，请了当地名厨卜师傅为母亲制作寿诞喜宴。卜师傅把猪肉切成长方形大块，放入锅内在大火上炖，结果炖肉时间过长，发出了焦煳味。为去掉煳味，卜师傅又切了些萝卜块，与肉同煮。出人意料的是，这碗炖煳了的猪肉块端上餐桌后，胡老太太不仅没有责怪，反而赞扬这道菜肥而不腻，又嫩又滑，醇香可口，当问及菜名之时，卜师顺口答道："今天为胡老太您做寿宴，这道菜您又很喜欢，那就叫胡卜肉吧！"儿子胡四在一边笑道："卜师傅你真会说话，明明是你把肉炖煳了，还把我家的'胡'字加到你的'卜'字上。依我之见，这道菜干脆叫'糊卜肉'好了。"如此一来，经过几代人传承和发挥，色泽红润、质地滑嫩、肥而不腻、入口即化、微甜香郁、营养丰富的糊卜肉就流传至今，成了一道"十大碗"中的名菜。

"八八宴"是指宴席每桌八名宾客。宴席开始先上七至九盘酒菜，待酒过三巡，菜得五味（即每人至少喝三杯酒、吃五味菜）后，正席方才开始。先上八个小碗（后都改为大碗），再上八个大碗，称八大八小、八荤八素。肉菜有红烧肉、过油肉、排骨、小酥肉、丸子汤、肉丝汤等（也有用粉面和豆腐做成的假疙瘩代替肉的），素菜有金针汤（黄花菜汤）、海带汤、麻辣白菜等，甜食有豇米粥、烧茄、烧土豆、酸梅汤等。最后四道菜要一齐上，并佐以蒸馍或大米干饭。还有"六六宴"，烹饪与"八八宴"相同。只是数量上改为六大六小（后都改为十二大碗），下酒菜为六盘。[1]

除婚丧嫁娶的盛宴外，过年过节还可以吃到用白面做的扯面、河捞、卤面、扁食等，这些美食现在已成为沁河流域人家的家常饭。

扯面是将白面用水和软，省一会，擀成长片，用刀切成与筷子粗细差不多的面条，再用双手拉（扯）成又长又细的面条，放入沸水锅内煮熟捞出。河捞是将用水和成白面的软面团放入专用的木制河捞椿的臼内，用细铁杠压入开水锅内，煮熟捞入冷水器皿里泡一会，再放入开水锅烫热，捞出即食。扯面和河捞都是用前文所述腌制的浆水做臊子，香酸可口，令人食欲大开。如果你吃的浆水菜是采于田间、地头、河岸、路旁、山坡等处的刺儿菜腌制的，那这浆水扯面和河捞也算是野味了。卤面是先将豆角、胡萝菜炒熟，将切成头发丝细的面条撒在菜上面，蒸熟后，拌匀即可食。也可用油炒食。[2]

扁食类似饺子，但比饺子个头小得多，做法精细，分荤、素两种。荤扁食馅，先将肉（羊肉、猪肉）剁成肉泥，再将萝卜或白菜和葱、姜、蒜剁碎，和肉泥、花椒、大料等搅拌成肉馅；素馅可加些炒鸡蛋、熟粉条、豆腐等。将白面用水和成面团，擀成面皮将馅包捏住，两手一挤，便成肉扁食；素扁食一般都要捏成麦穗式样，以示吉祥。扁食做成后放入沸水锅

[1] 许政忠、张春和：《长畛村志》，2007年山西省内部出版，第287页。
[2] 许政忠、张春和：《长畛村志》，2007年山西省内部出版，第281页。

内煮熟捞出，每人盛一碗蘸醋、香油、蒜食用。

除天下第一大事"吃"以外，老宅院逢年过节还要做大量工作，首先是祭祀。沁河文化中没有系统严格的宗教信仰，在传统耕读思想的影响下，民间信仰儒、佛、道、土地、灶神、财神、关帝等等，人们按自己的需要各取所需，表现出很强的功利性。

孔夫子，即孔子，明清时期沁河流域读诗书、敬礼仪风气甚浓，因此，大户人家无论做官还是经商，每家都敬奉孔子像。沁河流域还留有关于孔子的传说：据说春秋末年，孔子曾周游列国，到处游说，传道讲学，在卫国游说结束后，坐车直奔晋国，在泽州天井关遇众孩童筑城于道中。孔子要孩子们让路，孩童却以只有车绕城而无城绕车的道理予以拒绝，孔子见孩子虽小，却有过人之处，于是躬拜为师，令弟子绕"城"而过。当行至天井关时，又遇松鼠口衔核桃跑到面前行礼鸣叫。孔子见晋国不仅孩童聪明，连动物亦懂大礼，十分感慨，回车南归。现天井关村仍留有孔子当年的回车辙。后人为祭祀孔子，在村东南修有文庙（据史书所载，该庙为东汉时期孔子第十九代孙孔昱在洛阳居官时所建），明万历年间，泽州知府冯瑗在此还立有"孔子回车之辙"石碑亭，并把"星轺驿"改成了"拦车村"。

"民无土不立"，农业民族是依赖土地获得生存的物质基础，祈求土地神造福下界百姓，保家宅子孙平安吉祥，因而土地神成为当地一种普遍的信仰，在家祭祀并于宅院中留下印迹最多的是对土地神的崇拜。大多数老宅院的影壁上都雕有土地龛，简单的仅留出一个洞窑，富有之家则雕成庙状，两侧附有对联，装饰精巧，每年正月土地祭日，从行

沁河流域老宅院土地龛

商处买来土地画像贴于龛内祭祀。

唐宋时期，沁河流域冶炼、铸造、锻打等手工业发达，手工业工匠众多，村庄以工匠姓氏为名的有冯匠、吕匠、马匠、苗匠、复匠、郝匠、侯匠、谢匠、武匠、岳匠、孟匠、孔匠、韦匠、金匠、左匠、牛匠、申匠、段匠，合称十八匠。至今，晋城市以"头"、"匠"命名的村庄众多，印证了当年晋城冶炼业的繁荣昌盛。从上古流传下来的一副对联可基本确定"十八匠"是哪些村子。这副对联的上联是"冯吕苗郜夏马牛"，下联是"孔申司孟谢武侯"，横批是"金江郝段"。沁河流域烧窑的、打铁的、冶炼的、铸造的，都供奉太上老君像。据村中人讲，太上老君主管火，而这些行业又讲究火候，用急火时缓不得，用缓火时急不得，因此只有求助于太上老君的保佑。

黄帝元妃嫘祖，开始了栽桑养蚕的历史，后人为了纪念嫘祖这一功绩，将她尊称为"先蚕娘娘"这在许多历史文献中都有记载，如《史记·封禅书》记曰：

黄帝娶西陵氏之女，是为嫘祖。

刘恕《通鉴外记》亦记：

西陵氏之女嫘祖，为黄帝元妃，治丝茧以供衣服，后世祀为先蚕。

袁珂案所著《路史·后纪五》记载：

黄帝之妃西陵氏曰嫘祖，以其始蚕，故又祀先蚕。所谓先蚕，即为最先教人们栽桑养蚕织丝的神，又称先蚕神。后来又称祭蚕的仪式为先蚕。

明清时期，沁河流域许多老宅院中。财神是用黄表纸叠的牌位，家家供奉。一般都在屋门后的墙上钉一块木板，上放香炉。财神姓赵，名公明，即赵公明，官职文神元帅，脸青，须黑，身着纱帽、官衣、玉带、皂靴（亦有人说他是文财神比干），人们称他为"增福财神"。供奉时常用的对联是"司人间福禄，掌天下财源"或"天上金玉主，人间福禄神"，横额为"财源之主"或"金玉之主"。

"司命灶君"，又称灶王爷。当地传说他姓张名万仓，家很富有，但算卦先生说他家富有是由于其妻郭丁香命好所致，并非是他所为。后张万仓一怒之下休了妻子，娶康氏为妻。但自娶康氏后，家里屡遭天火，烧得一无所有，张万仓也沦为乞丐。有一天，他到一家富户行乞，一女子出来为他送饭，张万仓一看是自己前妻，羞得无地自容，跳火而死，成了灶君。所以沁河各村流传有"灶王爷爷本姓张，灶王奶奶本姓康"和"女人祭灶心喜欢，男人祭灶泪汪汪，想起我的前妻郭丁香"之歌谣。沁河当地有往火里丢剩饭的习俗，但葱皮等杂物是不敢扫到火里的。灶君还有监督一家人所作所为的职责，每年的农历腊月二十三，要上天去汇报，于下一年的正月初一五更返回。所以，二十三祭灶这一天活动特别隆重，人们要先给马吃一顿饭，再往火里烧一把干草黑豆，好让灶王爷骑马上天。这天还要祭糖瓜给灶王爷，据说能粘住灶君的嘴，使他不能说不吉利的话；也有说给灶君吃些甜食，哄住他，使他不说不吉利的事。在灶上还要贴上对联"上天言好事，回宫降吉祥"或"二十三日去，初一五更回"，横额为"一家之主"。还有唱祭灶的歌谣："二十三，祭罢灶，辟邪盒，要核桃，滴滴点点两声炮。五子登科乒乒响，起火升得比天高。"[1]

祭完灶就准备过年了，老宅院中也开启了一年中最为忙碌的模式，有剪贴窗花、蒸花馍、贴春联等民俗活动。窗花的内容有各种动植物等掌

---

[1] 许政忠、张春和：《长畛村志》，2007年山西省内部发行，第314~315页。

故，如喜鹊登梅、燕穿桃柳、孔雀戏牡丹、狮子滚绣球、三羊（阳）开泰、二龙戏珠、鹿鹤桐椿（六合同春）、五蝠（福）捧寿、犀牛望月、莲（连）年有鱼（余）、鸳鸯戏水、刘海戏金蟾、和合二仙等等，也有各种戏剧故事，民俗有"大登殿，二度梅，三娘教于四进士，五女拜寿六月雪，七月七日天河配，八仙庆寿九件衣"的说法，体现了民间对戏剧故事的偏爱。有新媳妇的人家，新媳妇要带上自

窗花

己剪制的各种窗花，回婆家糊窗户，左邻右舍还要前来观赏。腊月二十二后，家家户户要蒸花馍。供奉灶王爷大体上分为敬神和走亲戚用的两种类型，前者庄重，后者花色艳丽，特别要制作一个大枣山，以备供奉灶君。"一家蒸花馍，四邻来帮忙"，这往往是民间女性一展灵巧手艺的大好机会，一个花馍，就是一件手工艺品。

大年三十是贴门神和对联。在老宅院的大门上人们都会贴门神。古代传说为神荼、郁垒，后来成了唐代的大将秦琼和尉迟恭，其中秦琼以勇猛彪悍著称，尉迟恭面如黑炭，两者都被尊为民间驱鬼避邪、祈福求安的门神，分别被请到两扇大门上，左边一个持锏，右边一个持鞭。

沁河流域民俗讲究对联有神必贴，每门必贴，每物必贴，所以春节的对联数量最多，内容最全。神灵前的对联特别讲究，多为敬仰和祈福之言：

　　天地神联：天恩深似海，地德重如山。
　　土地神联：土中生白玉，地内出黄金。

老宅院大门门神（一）　　　　　　　　老宅院大门门神（二）

财神联：天上财源主，人间福禄神。

井神联：井能通四海，家可达三江。

　　面仓、粮仓、畜圈等处的春联，则都是表示热烈的庆贺与希望。如"五谷丰登，六畜兴旺"、"米面如山厚，油盐似海深"、"牛似南山虎，马如北海龙"、"大羊年年盛，小羔月月增"等等。另外还有一些单联，如每个室内都贴"抬头见喜"，门子对面贴"出门见喜"，旺火上贴"旺气冲天"，院内贴"满院生金"，树上贴"根深叶茂"，石磨上贴"白虎大吉"等等。

　　大门上的对联，是一家的门面，人们特别重视，或抒情，或写景，内容丰富，妙语连珠。如：

　　　喜居宝地千年旺，福照大宅万事兴。横批：喜迎新春。

　　　春满人间百花吐艳，福临大院四季常安。横批：吉星高照。

　　在沁河流域，春节时人们还要在缸上贴个"福"字，这和一个传说有关。据说很久以前，青龙山脚下赵家庄有户叫赵老三的人家，两口子男耕女织，日子过得挺红火，只是年近半百，还没有孩子。有一年秋天，赵老三上山砍柴，在路上见到一条绿蛇要吞吃一只小蛤蟆，赵老三抽出扁担，赶走了绿蛇，把小蛤蟆放归了小溪。过了几天，赵老三又上山砍柴，见荒草窝里躺着一个白胖的小男孩儿，他抱回去和妻子抚养起来，为使孩子长命百岁，还专门给起了个叫"蛤蟆"的名字。冬去春来，长大成人的小蛤蟆对父母十分孝敬。

有一天，天空出现滚滚乌云，雷电闪过，小蛤蟆忽然变了脸色，在地上乱滚乱翻，肚子疼痛难忍。他对爹妈和妻子说："我就是二十多年前爹爹从蛇嘴里救出的那只小蛤蟆，我忘不了爹爹救命之恩，老龙王也可怜爹娘年老无子，才要我来人间报答的。只是期限已到，再不回去，是要受雷电惩罚的。"一家人心如刀绞，难过万分。这时赵老三忽然想到以前听人说过青龙山顶关帝庙住着一位得道高僧，父子俩决定去关帝庙拜见高僧。高僧好像早知他俩来意，告诉赵老三明天中午要下大雨，水涨三尺，父子俩只要做一件事便能保全家平安。

赵老三是个心地善良的人，如果下三尺深大雨，青龙山一带十几个山庄的百姓不是都要遭殃吗？于是，他们父子回家后便连夜把防水办法告诉了所有的人家。第二天中午时分，大雨果然水漫青龙山，龙王要把违期不归的小蛤蟆捉回，同时，又下令不要胡乱抓人，对缸上贴有"福"字的人不得无礼。但因赵老三全家和青龙山一带庄户人家听了高僧指点，都坐在贴有"福"字的水缸或鱼缸里，不管水有多大也淹不住"福"字，于是躲过了一场大难。[1]

时间久了，过大年人们不仅在水缸、面缸上贴"福"字，而且把

---

[1] 晋城市民间文学集成编委会：《晋城市民间故事集成》下，第450~452页。

"福"字贴到炕头、大门、照壁等处，图个吉利，和贴春联一样，成了一种风俗习惯。

贴完家中"福"字，除夕晚上要包扁食，摆献供，敬诸神，围炉守岁。正月初一为春节，初一五更人们即起床，穿新衣服，男人们鸣放开门炮，院内焚年火，烧香敬神，祭天、祭众神、祭祖先、接财神，女人们则天明"翻鏊"做早饭，象征着吉利、圆满。吃完早饭后晚辈给长辈叩头祝福，长辈给晚辈施压岁钱。初一这天不外出，正月初二至初九走亲戚，带的礼品主要是各式蒸面馍，路上行人熙熙攘攘，大院待客热热闹闹。初五俗称"破五"，一般不外出，中午吃饺子，意在用手捏住破屋神。初八供财神，以求财运亨通。年节一直持续到正月十五元宵节，白天老宅院中有说书讲故事的，晚上老宅院中张灯结彩，设果脯礼盒，门前烘炭火，门外挂以竹马龙灯、狮子、九莲灯等红绿彩灯，或用融化了的铁汁向高处打散，铁汁四溅，洒满天空，空中出现万朵金花，名曰"打铁花"，尤为奇观。在元宵节前后，村子里要搭秋千，从十五至十七欢腾三天三夜，旧社会称曰"金吾不禁"。[1]

4. 移风易俗

我的祖籍在高平市马村镇，沁河支流饮马河从村南穿过，父母都出生在那里，小时候回老家省亲时就住在老爷爷留下的祖宅中，那时祖宅虽已不是原来的规模，但老院的房子依旧是村里最好的，前后院、里外院都姓苏，基本上都是亲戚或本家，不是姑姑就是叔叔婶婶，一到吃饭时大家就集中到了大院，每个人端一个碗，边吃饭边聊天，很是热闹。我曾向父母求证这是不是老宅院的情景再现，父母讲这是新中国成立后的场景，以前在大院中吃饭规矩很多，吃饭时不能抢在长辈的前面，家长先动碗筷用

---

[1] 《南山村志》编纂委员会：《南山村志》，1996年山西省内部发行，第69页。

餐，其他人才能再动筷。吃饭时，不能跷起二郎腿，不能随便走动，不准大声说话，咀嚼饭菜嘴里不能发出声音，坐着在桌子上吃，左手要扶碗，右手拿筷子，拿筷子姿势必须正确，不准把饭掉在地下或桌上。饭前、饭后忌用筷子敲锅碗，俗语有"敲锅敲碗讨吃要饭"之说。吃饭忌碗中有剩饭，旧时老人讲，碗中剩饭，是自己的"遗饭"，长辈们经常会在饭桌上教育小辈"一粒米会等一年"，要学会珍惜粮食。吃完饭后，要轻轻地把筷子、碗整齐地放在桌上，悄悄退下。除了"吃要有吃相"，大院中还要求"站有站相，坐有坐相，走有走相"。这些规矩随着老宅院的衰败已无法寻觅其踪迹，与之一起消失的还有老宅院的静谧，除了过年的欢腾和请戏班唱戏外，在大宅院中是不能大声喧哗的，有时候掉一根针的声音都会传遍整个屋子。而在我的印象中，老宅院却是喧嚣和热闹的，尤其屋脊上的"牵牛花"每天忙个不停，这"牵牛花"便是高音喇叭，可能是村里怕老院过于深邃，特地在这里安装的。那时在城里生活，每天的娱乐是晚饭后看有限的电视节目，但回到村里的老宅院中，这只喇叭会时不时地响起，里面会播出各种各样的事情。

农忙时节，高音喇叭叫个不停，播送各小队生产进度，表扬好人好事，宣读坏人坏事检讨书。村里各小队干部要到村里开会，就在喇叭上通知，村民谁家有个要紧事，也赶到广播室来，在喇叭上喊上几遍。早晨转播中央人民广播电台《新闻报纸摘要》节目，每天中午听评书。晚上是转播中央人民广播电台《各地人民广播电台新闻联播》，插播歌曲、相声、戏剧等文化节目。

而在父母的记忆中，老宅院中的娱乐主要是当地八音会和上党梆子。八音会是沁河流域各村庄民间艺人自发的群众组织，形成发展于元明之际，成熟兴盛于明末清初。它活跃在民间的各种娱乐场合，起着烘托气氛和助兴的作用，主要是参加迎神赛社或为举办的各种游艺伴奏，也有应大户人家的邀请，如在结婚、迁居、寿辰、周年时要吹打一番，唱"围鼓戏"、"坐场戏"（围着老鼓坐着演奏，不穿戏衣，以清唱为表演形式），称之为"闹房"、"暖房"等。还有一种以家族组织形式出现的"八音会",老百姓叫"乐户",虽也出于民间,但演奏的乐谱各有侧重,是追求经济效益和用来养家糊口的。八音会的打击乐为"武场",吹管弦乐为"文场"。武场用的乐器有挂板、大锣、大钹、小钹、马锣、勾勾等,文场用的乐器有唢呐、小嗨、笙、竹笛、胡胡、二把、巨琴等,还有一种是吹打并重,文武相接,演奏员一般穿着长袍大褂,戴礼帽,有时也会粉墨登场,演唱上党梆子或者地方秧歌。演员手持乐器边演奏边唱,有的一人能扮演几个角色,声情并茂,高亢激越,大气磅礴,当地人夸曰"精打细吹显高艺,喜怒哀乐动人心"。

沁河流域的八音会有着丰富的传统曲目,现存传统曲牌有《大十番》、《小十番》、《十样景》、《节节高》、《老花腔》、《五花寿》、《点点花》等。

从1957年开始,农村有线广播开始发挥巨大的作用,八音会逐渐停止了活动,改革开放后,八音会在当地又复苏兴旺了起来。

近代以来,受革命与各种社会思潮的影响,沁河流域的风俗发生了很大的变化。在辛亥革命前,当地缠足恶习非常严重,女子长到七八岁时,即用布带将脚包裹,日久,骨折肌瘦,渐成小足,名曰"三寸金莲",造成妇女身体残废,手不能提,肩不能扛,头重足轻,弱不禁风。辛亥革命之后,政府曾明令禁止女子缠足,年在三十岁以下者小足放大,违令者罚,并派女稽查,四处查禁。但有些地方,隐藏躲避,贿官私缠,终不能绝。直至新中国成立初期,东峪、十里、柿庄一带,仍有少数妇女缠足。以后,随着妇女社会地位的提高,和男子享有同等的权利,缠足恶习彻底根除。[1]

旧时丧葬也要经历复杂的程序:先是收殓。病人行将断气时,要给他理发、沐浴、穿老衣,要求衣冠整齐,里外全新,棉、夹、单衣五至七件。然后在房中临时搭起一张床,放上七根秆草,把人抬上,仰面而卧,

---

[1] 《沁水县志》编纂办公室:《沁水县志》,山西人民出版社1987年版,第476页。

叫作上草铺。断气后，要让他（她）口里衔钱，手捏元宝，脸上蒙布，脚拌麻皮，土压胸口。门上贴白纸，地上铺谷草。要不时烧纸，女儿、媳妇要不时坐在草上唱歌似的哭。吃饭时先在碗内盛上一点饭献上，称为"衣饭"。请阴阳先生打更，写长子的出生日期、推定死者出殡的日子等等。在大院中仪式更为复杂，同时还有一种停枢室内不葬的恶习。新中国成立后，大致仍沿用旧的丧葬程序，但有所改革和简化，如已不请和尚念经、设神坛等。20世纪80年代后，多数播放哀乐，丧事办完，男女孝子多臂戴黑纱，不继续穿白。丧事人家，头年用蓝纸，次年用绿纸写春联，以示哀悼。[1]沁河流域人死后，传统为"土葬"。但过去老宅院中有一种停枢室内不葬的恶习，大都为老丧。老者夫妇一方死后，停枢室内，一直等到另一方死了，才一同安葬，谓之"行孝"。每日三餐献食，时节烧纸，停放时间长短，那就看活者的寿命。民国初年，山西省政府明令禁止室内停枢，并派人四处检查，谓之"催白骨"。嗣后，这种恶习彻底革除。[2]

赌博恶习，危害深远。新中国成立前夕，无赖之徒不务本业，游手好闲，结党成群，春节、庙会期间，赌博成风。因赌博日就窘迫，计无所施，盗心萌，严重影响社会治安。新中国成立以后，人民政府宣传教育，赌博恶习逐渐革除，但至今还有少数不法分子结伙赌博。

旧时大宅院妇女改嫁并非易事。新中国成立前，女方的男人去世后，再找男人结婚叫改嫁。旧社会，妇女处在社会的最底层，俗有"嫁出去的闺女泼出去的水——收不回来了"之说。妇女出嫁后经常挨打受骂，或男人一纸"休书"就能把媳妇"休"了，再改嫁实属难事。一是媒人难找。那时，给未婚男女当媒人，是办好事、积阴德，要是给寡妇改嫁当媒人，就是对不起死去的丈夫，是损阴德，会有死鬼找麻烦，也有活着的丈夫来

———————

　　[1]　《南山村志》编纂委员会：《南山村志》，1996年山西省内部发行，第69页。

　　[2]　《沁水县志》编纂办公室编：《沁水县志》，山西人民出版社1987年版，第477页。

报复的，只有图钱财的人才干此事。二是寡妇没人身自由，改嫁必须写字据并有人画押担保，所以只有出钱找人代笔（一般人怕损阴德，只有出钱求人才行），再求婆家的公爹、大伯、小叔或娘家的父亲画押。三是不能坐花轿，只能坐二人抬的蓝轿，且任何人都可拦轿索要钱财。所以，只有在半夜三更人睡静了后，偷偷坐上轿走。到了男方门口，才敢燃放鞭炮。此时，男方还要用柳筐或竹筐盛三十余斤小麦，让新娘挎上进去，有些人故意让再嫁女子出丑，就在麦子里埋上铁绳，让她强努着挎进去。四是不拜天地，不圆房，不认亲，不照半九等，但婚后第二天要行家礼。

辛亥革命后，民国政府也颁有法律规定的离婚条款，但一是没人管，二是广大农村老百姓根本就不知道，到了抗日战争时期，寡妇改嫁才可以白天坐蓝轿，但那只是在解放区，国统区仍是暗无天日。直至新中国成立后，党和政府颁布了新的婚姻法，结婚自愿，离婚自由，寡妇改嫁才获得了真正的自由。

在新中国成立以前，沁水流域差不多村村都有神庙，人们为了敬神而唱戏起会，称为"庙会"。位于高平市区北部的凤和村，现在还存有昭烈帝庙（刘备庙）、张王庙（张飞庙）、关帝庙等多座庙宇。[1]长畛村庙宇祭祀有以下四处，即关帝庙，祭祀关圣君老爷和高襟神大娘娘（求子还愿）；佛祖庙，祭祀佛祖、菩萨、牛王爷、山神爷、河神爷；祖师阁，祭祀道教祖先、土地爷和高祼二娘娘（求子还愿）；黄龙庙，祭祀龙王爷，以求雨调风顺，全家平安。[2]

庙会敬神的原因大致有以下几种情况：一是以某神的生日时间起庙会；二是遇上了水、旱、瘟疫等灾情，求神保佑；三是春祈秋报，祷祝丰收。沁河各村庄有几个大型庙会，如端氏三月二十、中村四月初八、加丰五月初五、柿庄七月十五等，周边方圆数里的村庄都要来赶会，规模盛

---

[1] 《凤和志》编纂委员会：《凤和志》卷九"民情风俗"（二），天马出版有限公司2006年版。

[2] 许政忠、张春和：《长畛村志》，2007年山西省内部发行，第315页。

大。社首及其办事的人要杀猪宰羊，备办供菜，还要请戏班唱戏。在唱戏之前往往先贴这样的通告：

> 兹以三时无害，万宝告成，皆赖神圣之灵，风雨之助。报恩崇德，人听当然。本村谨择于□月□日起，洁治樽俎，虔修牲馔，兼督俳优，献戏三日，以酬圣泽，而明感戴——此项费用，按以地亩均摊，每亩耕地，应摊□角□分。仰阖村居民，于三日之内扫缴，以光神事！
>
> 执事维首□□□等白[1]

赵树理先生在《地方戏与年景》一文中对此通告进行了这样的评价：

> 写得也好像是振振有词，端端有理，可是"阖村居民"所关心的不在"词"与"理"，而在于每亩耕地究竟要摊"几角几分"。看明之后，就需在三日之内，出卖新谷，了此冤债。在这种情况下，还有什么心情去欣赏艺术呢。

新中国成立后，不再为敬神而起庙会，只是利用一些旧庙会的时间地点，兴起了物资交流大会。广大群众销售土特产品，购买生产生活资料，赶会看戏，成为群众文化生活之一了。[2]

随着时代的进步，沁河流域的许多禁忌自行消失，如借药锅不能送还，待人家用时来取；产妇门上挂红布，以示外人勿进；孝子不得穿戴孝帽、孝衫进别人家院子、房内；下午或阴历初一、十五不能去看望病人；产妇不过一百天不得进他人院、屋；女人不能死在娘家；出门闺女不可在

---

[1]　《沁水县志逸稿》整理委员会：《沁水县志逸稿》，山西人民出版社2010年版，第44页。

[2]　《沁水县志逸稿》整理委员会：《沁水县志逸稿》，山西人民出版社2010年版，第44页。

娘家过年、生孩子；房前不栽桑，屋后不插柳，门前不栽大杨树；人死在外不得抬回院里等等。[1]

1944年3月，沁水全境解放，在社会上，普遍开展无神论的宣传教育，共产党员、积极分子、青年学生带头破除迷信，特别是1946年，结合土地改革运动，把此项工作推向了高潮，庙中的泥塑神像都被搬掉，并将殿宇改为他用。大的神灵祭祀活动没有了，但几千年来所形成的旧思想、旧观念、旧风俗、旧习惯，在相当一部分人的头脑中还牢牢地盘固着，并潜移默化地传给了下一代。如今，有的家庭还供奉着财神、老灶爷，门上还贴有门神，每月初一、十五还烧香祭祀，求神灵保佑。

---

[1]　《南山村志》编纂委员会：《南山村志》，1996年山西省内部发行，第81页。

四、世态与家境：宅院之觞

1. 官员世家衰落

明清时期，沁河流域承袭了古代的私塾和书院教育形式。以高平市为例，私塾有三种形式。一是几户殷实家庭联合起来聘请名师育其子弟；二是富有家庭设学塾教授子弟；三是声望高、学识好的人，包括未任或弃官还乡的进士、举人等在家中或村里设学塾，招收弟子传教。清代高平学者赵淑抃教授生徒，多有成就，进士毕淇、举人王金铠皆为其高门弟子。毕振姬告老还乡后，兴办义学，弟子甚众，高徒有进士牛兆

窦庄张氏家族私塾门头匾额"司寇第"

捷、牛兆鼎。清末崔庄村秀才申篷，先在本村办私塾，后受聘于川起村。陈子惺为家庭塾师，在庞村创办"六砚学堂"，名声颇大。[1] 书院以阳城数量居多，明代万历四十二年（1614）由县令王良臣主持创建映奎书院，书院因与奎星阁相连故命名，清初顺治年间知县都甫改称聚奎书院。清乾隆初年由知县谢廷谕主持创建同文书院。乾隆三十五年（1770），知县王进茂购买户部侍郎田六善的镜山堂遗址，创建镜山书院，后又改称仰山书院。"仰山"一词取自《诗经·小雅·车辖》"高山仰止，景行行止"，意在劝勉人们学习先贤，努力上进。明清时期，阳城县的书院多为官办，仅有少数是私人办的，如清代皇城村陈廷敬办的义仿书院。

私塾和书院都有固定的学习年限，教学内容主要是儒家经籍，学童

---

[1] 《高平市志》编纂委员会：《高平市志》，中华书局2009年版，第1192页。

初入学时，读的多是《弟子规》、《三字经》、《百家姓》、《治家格言》、《千字文》、《千家诗》、《杂字》等。当学有基础之后，才触及四书五经。办学目的主要是为开科取士，培养官宦人士，这一时期沁河流域科举教育成绩斐然。

据清乾隆年间《高平县志》记载，明正德四年（1509）至清乾隆三十三年（1768），高平县儒生中进士者四十六名，中举人者一百六十名，乡贡、例贡五百一十八名，故史书上有"潞泽青紫，半在高平"之说。[1]据沁水《明清进士题名碑录》，明清两代当地共中进士四十三人（明二十人，清二十三人）。据清同治十三年版《阳城县志》和光绪三十四年版《阳城县新增志》记载，阳城县在明清时期共九十八名进士，为山西省之冠（资料不全者未列其中），除三人在教育行业外，其余皆在朝廷和地方为官。[2]

阳城县明清进士名录

项目 姓名	考取时间			职官	籍贯
	朝代	年号科别	公元（年）		
王粹	明	洪武乙丑科	1385	山东按察司佥事	
韩俞	明	洪武乙丑科	1385	刑科给事中	
原杰	明	正统乙丑科	1445	南京兵都尚书	下交
杨继宗	明	天顺丁丑科	1457	云南都御史	匠礼

---

[1]　《高平市志》编纂委员会：《高平市志》，中华书局2009年版，第1192页。

[2]　山西省《阳城教育志》编纂组：《阳城教育志（1840—1985）》1987年版，第4~8页。

王雯	明	天顺乙丑科	1457	行人司行人	
李径	明	成化己丑科	1469	陕西按察司副使	
田铎	明	成化戊戌科	1478	四川布政司左参政	
宋鉴	明	成化戊戌科	1478	陕西庆阳知府	
张黻	明	成化甲辰科	1484	陕西按察司副使	
王弦	明	弘治己未科	1499	山东布政司左参政	
原轩	明	弘治壬戌科	1502	浙江按察使	
张好爵	明	正德甲戌科	1514	户部郎中	
张好古	明	嘉靖癸未科	1523	四川按察司佥事	
李豸	明	嘉靖辛丑科	1541	山东左布政使	
王国光	明	嘉靖甲辰科	1544	太子太保吏部尚书	上庄
张昇	明	嘉靖庚戌科	1550	河南布政司左参政	屯城
卫心	明	嘉靖庚戌科	1550	山东临淄知县	东关
栗魁周	明	嘉靖己未科	1559	陕西右政司左参议	东峪
杨枢	明	嘉靖己未科	1559	河南按察使	

李可久	明	嘉靖壬戌科	1562	四川按察司佥事	
王淑陵	明	嘉靖乙丑科	1565	湖广布政司右参政	
杨值	明	万历丁丑科	1577	陕西按察司右参政	
卫一风	明	万历庚辰科	1580	南京兵部尚书	东关
白所知	明	万历癸未科	1583	太子太保工部尚书	城内
田立家	明	万历丙戌科	1586	河南按察使	
王家础	明	万历壬辰科	1592	陕西泾阳知县	
贾之凤	明	万历戊戌科	1598	陕西按察使	阳高泉
李养蒙	明	万历辛丑科	1601	湖广按察司副使	
李春茂	明	万历甲辰科	1604	顺天府尹右都御使	
杨新期	明	万历丁未科	1607	河南道监察御使	匠礼
张慎言	明	万历庚戌科	1610	南京吏部尚书	屯城
张鹏云	明	万历丙辰科	1616	顺天右佥都御使	
杨时化	明	万历己未科	1619	刑科左给事中	
王征俊	明	天启乙丑科	1625	河南布政司右参政	

石凤台	明	天启乙丑科	1625	陕西按察司副使	城内
陈昌言	明	崇祯甲戌科	1634	浙江御史江南学政	黄城
卫廷宪	明	崇祯丁丑科	1637	直隶淮安知府	东关
李藩	明	崇祯庚辰科	1640	陕西朝邑知县	
杨翼	明	崇祯庚辰科	1640	浙江会稽知县	
王□愈	明	崇祯癸未科	1644	河南孟县知县	
白胤谦	明	崇祯癸未科	1644	侍读学士刑部尚书	城内
张璘	明	崇祯癸未科	1644	陕西巡抚右副都御史	
朱廷揩	明	崇祯癸未科	1644	未详	
张尔素	清	顺治丙戌科	1646	刑部右侍郎	
乔映伍	清	顺治丙戌科	1646	弘文院检讨	
王克生	清	顺治丙戌科	1646	山东寿光知县	
卫贞	清	顺治丙戌科	1646	巡按江南监察御史	东关
段上彩	清	顺治丙戌科	1646	江南按察司金事	城内
赵士俊	清	顺治丙戌科	1646	山东茌平知县	

148

田六善	清	顺治丙戌科	1646	顺天府尹户部左侍郎	城内
杨荣胤	清	顺治丙戌科	1646	陕西庆阳知县	中庄
王润身	清	顺治丙戌科	1646	户部主事	
王兰彰	清	顺治丙戌科	1646	山东阳谷知县	
吴起凤	清	顺治乙未科	1655	山东藤县知县	
陈廷敬	清	顺治戊戌科	1658	吏户刑工四部尚书文渊阁大学士	黄城
田七善	清	顺治己亥科	1659	吏部验封司员外郎	城内
陈元	清	顺治己亥科	1659	翰林清书庶吉士	黄城
乔楠	清	顺治己亥科	1659	四山武隆知县	
张于廷	清	顺治己亥科	1659	贵州永从知县	
张拱辰	清	顺治己亥科	1659	江南灵璧知县	
张齐仲	清	康熙丁未科	1667	江南浮梁知县	
田弘祖	清	康熙丁未科	1667	江南盱眙知县	
李煜	清	康熙己未科	1679	未详	
张泰交	清	康熙壬戌科	1682	未详	屯城

田从典	清	康熙戊辰科	1688	太子太师吏部尚书、文华殿大学士	东关
白畿	清	康熙戊辰科	1688	贵州新责知县	
王璋	清	康熙戊辰科	1688	户部主事	
田沆	清	康熙甲戌科	1694	内阁中书舍人	东关
陈豫朋	清	康熙甲戌科	1694	翰林史官湖广学政	黄城
陈壮履	清	康熙丁丑科	1697	翰林侍读内阁供奉	黄城
卫昌绩	清	康熙丙戌科	1706	监察御史学政	东关
陈观永	清	康熙丙戌科	1706	直隶浚县知县	
陈随贞	清	康熙己丑科	1709	翰林清书庶吉士	
王敬修	清	康熙己丑科	1709	阳高卫教授	
田嘉谷	清	康熙壬辰科	1712	编修陕西御史	
卫学瑗	清	康熙辛丑科	1721	湖广湘潭知县	
陈师俭	清	雍正丁未科	1727	翰林广西同知	
曹恒吉	清	雍正庚戌科	1730	吏部主事	
王云林	清	乾隆乙丑科	1745	河南贵州知县	

田玉成	清	乾隆丁丑科	1757	翰林院检讨	东关
卫锦	清	乾隆己丑科	1769	礼部主事严州知府	
贾为焕	清	乾隆壬辰科	1772	未详	
张敦仁	清	乾隆乙未科	1776	南昌吉安知县	润城
王瑶台	清	乾隆乙卯科	1795	湖广御史国史编修	城内
田体清	清	嘉庆戊辰科	1808	益阳知县常德知府	城内
刘湜	清	嘉庆己巳科	1809	安徽池州知府	望川
石交泰	清	嘉庆丁丑科	1817	直隶柏乡知县	
田秌	清	道光乙未科	1835	陕西长武知县	
王遹昭	清	道光丙申科	1836	翰林检讨山东御史	城内
张林	清	道光戊戌科	1848	广西知县柳州知府	
廷彩	清	道光甲辰科	1844	直隶博野知县	润城
卫东阳	清	道光乙巳科	1845	直隶无极知县	
侯玳	清	道光庚戌科	1850	广西知县平阳教授	
曹翰书	清	咸丰壬子科	1852	内阁校对	

（以下为武进士）					
琚秀玺	清	康熙壬戌科	1682	浙江绍协中军守备	
琚璘	清	康熙乙未科	1718	侍卫常德守备	町店
卫克壮	清	雍正癸丑科	1733	候补守备	

　　正是这些从沁河流域走出的官员，他们为沁河地区建起了一座座大宅老院。民谣"三斗三升芝麻官"、"有官不到大阳夸"指的就是现在泽州县大阳镇，《泽州府志》、《凤台县志》记载，明清时期仅大阳镇走出的官员即达一百六十多人，有礼部尚书裴宇、吏科左给事中张养蒙、四川布政参议孟颜等人，现大阳镇留存的众多老宅院，大多是这些官员留下的。

　　光禄第是明代嘉靖礼部尚书裴宇的住宅，建于明代的尚书宅是一进十八院，院中房屋重重叠叠，构筑宏大，其中中院是按九宫八卦的模式建造，院里厅堂雕龙画栋，绮窗扇屏，石柱彩檐，院中有院，甬道回廊曲折，尊卑有别。虽然陈廷敬儿子陈壮履撰写的重修碑记尚在，但许多老屋的窗棂已全无，台檐倾圮。在大阳的诸多宅院中最为庞大的官宅府邸，当属明代万历丁丑科户部右侍郎张养蒙都堂的府第。其房宅占地逾百亩，几乎横跨了大阳的两条街巷。它以高大的门庭楼宅、秀雅的扇屏绮窗、精巧的砖石木雕以及硕大的斗拱梁柱最具特色。王家宅第是明朝万历年间霸州知州王国士的府邸，占地近百亩，院落交错，亭台相依，整个建筑庞大紧凑，浑然一体。其中一处三进宅院，史料记载："它的石狮、门挂、斗拱、柱础、照壁雕刻得剔透玲珑，无不精致"。可惜的是，望河楼等一些建筑坍塌不存，更有无以计数的石雕、砖雕、木雕被毁被盗。大阳街上尚书、知府、知州、总兵的两进、三进甚至四进院落如今不是成为寻常百姓的住宅，就是呈颓废之相。[1]

传统中国社会是一个以"学而优则仕"的社会，士大夫阶层是社会的中心。通过科举制度从社会中选拔精英，保证了"自下而上"等级间的有序流动。近代以来，随着帝国主义的入侵与中国社会的改变，士大夫阶层发生分化，"耕与读"的生存方式面临着前所未有的危机。在清末纷繁复杂的各项改革中，光绪二十九年（1903）七月，清政府命张百熙、荣庆、张之洞以日本学制为蓝本，重新拟订学堂章程并于1904年1月公布，即《奏定学堂章程》，这一年为旧历癸卯年，故称癸卯学制，即中国近代第一个正式实行的学制，阳城县随即开始兴办学堂。[2]

清末"新政"后，山西近代教育发展迅速，沁河地区的教育也开始融入了近代化的发展轨道，晋城境内各县相继将书院改为高等官办小学堂，城乡私塾、义学改立初等小学堂。光绪三十一年八月初四（1905年9月2日）清廷颁诏，谕令自次年起停止科举考试，"自丙午科为始，所有乡会试一律停止，各省岁科考亦即停止"。这项以政府主导的延续了近一千三百年的选拔人才的考试制度彻底被废除，与此同时也斩断了学子们通过"只读圣贤书"上升的通道。新的教育制度的形成的向上流动方式，为雄心勃勃

深宅大院

[1] 高辉：《泽州："针都"大阳古朴老街难敌岁月蚕食》，载《三晋都市报》，2009年5月28日。

[2] 山西省《阳城教育志》编纂组：《阳城教育志（1840—1985）》1987年版，第1页。

和有才能的人提供广泛的选择机会。新的机会使人们向上和向外的流动摆脱了昔日公认的行为和成功标准的束缚[1]，那也就意味着新精英们无须再在故乡盖深宅大院了。

随着1905年科举制度的废除，沁河地区逐步以学校的教育方式替代了传统教育。清宣统二年（1910），高平县城办起第一批书房（小学），城北（今凤和）村紧邻县城，得风气之先，在村文庙创办小学。书房的费用及先生的工资来源，由村中各户按地亩多少筹集，教材与私塾相似，集体面授，采用复式教学。宣统三年（1911），"书房"被"学堂"代替，城北村小学堂由教师负责管理，招生事宜由教师决定。[2]

但是，教育发展中最棘手的问题是经费问题。清末民初，政府虽一度积极倡导、推广义务教育，但对于经费问题从来没有做出实质性的贡献。所以当时就有人批评道："教育部以空言责之各省，各省以空言责之各县，各县之能自谋者，仅零杂捐而已，且不易邀财政官吏之核准。"沁河地区教育经费就靠各县、乡、村自行筹措，分级筹措，县办学校的教育经费来源有征收田赋、工商附加税、学田和公房租金、个人募捐等。初级小学的经费靠各村自行解决，或靠庙产，或靠集资，或收学费。从县到乡各级政权都积极寻找各种渠道筹措经费，可谓不遗余力，这从一个侧面反映了沁河地区对教育的重视。但此时人们对教育的期望已不是以前的愿景，此时的教育已转变为"实用"之学，教学内容有算术、国文、乡土地理、乡土历史、唱歌、体操、图画等 。[3]加之随后而来的战争动乱，教育体系再次被打乱，这一地区已无法再现明清时"凤鸣"的辉煌，大院中的人们也随之开始衰落。

---

[1] ［美］吉尔伯特·罗兹曼：《中国现代化》，江苏人民出版社2003年版，第261页。

[2] 《凤和志》编纂委员会：《凤和村志》，天马出版有限公司2006年版，第89页。

[3] 《凤和志》编纂委员会：《凤和村志》，天马出版有限公司2006年版，第89页。

2. 工商业衰落

中国有句古话："道德传家，十代以上；耕读传家次之；诗书传家又次之；富贵传家，不过三代。""富不过三代"也反映出沁河流域工商业的兴衰历程。高平市杜寨王家，人称王百万，清代世商大户。据王家祖坟墓碑资料记载：清康乾年间先祖有名君璧者（王君璧），生子三人，长名世隆，次名世茂，三名世治。世隆、世茂"料理家计"，世治"以干济之才，持筹握算，经商于汴，多置铺面，称善贾焉。……以致家业丰隆，蒸蒸日上"。此时的王家生意在高平、开封等地达十几处，生意字号有"福德全记"、"祥发钱店"、"复盛粮店"、"三盛公"等，经营项目有布店、杂货店、钱庄、粮店等，这个时期，是王家置房产、买田地较为鼎盛的阶段。嘉庆十一年（1806）王世治去世，嘉庆十六年（1811），王世茂去世，其子王枢、王拭尚幼，家族生意由世隆之子王模等人料理，家中事务由王世治之子王榆负责。

此时，王家生意虽然兴盛，但后人子嗣却不很兴旺。王世治弟兄三人，王世隆只有一子王模，王世茂两子王枢和王拭，王世治只有一子王榆。嘉庆末年至道光十四年，王模在外负责生意，王榆在家主管家务，不但给各家买了不少房产土地，而且在道光六年（1826）修建了王家现存最好的一所房子。道光十四年（1834）二月，王模、王榆、王枢叔伯兄弟三人，因连年"生意赔累，难以维持，恐日后更维调理"，除留"祥发钱店"合伙经营外，遂"同各号执事、伙友，将字号生意分派三份"，"焚香拈阄，各自经营"。[1]

此后，王家开始走下坡路，道光十九（1839）年和二十年（1840），王榆一支出现抵房典地借钱的情况。道光二十四年（1844），王榆之子王以文不足三十岁去世，留下两子，长名受祐，年方八岁，次名受禄，年方

---

[1] 山西省政协《晋商史料全览》编辑委员会：《晋商史料全览》宅院卷，山西人民出版社2007年版，第116页。

六岁。道光二十九年（1849），王榆去世。至此，王家开始衰落，这从王家现存抵房典地借钱的契约中可以看出。到清末，王家最为兴盛的王世治一支致贫，其后人王受祐因家境维艰，于十六岁弃读经商外出。还有王继先、王锡恩等，也为了生计，皆外出学商。到民国年间，家中只留下一院房子。其他各支情况衰落更甚。长门世隆一支情况不详，但从后来情况看，已不如王世治一支。次门王世茂一支，衰落更早，其重孙（曾孙）王伯玉因"素不安分，匪类异常，游荡不归"，清同治十一年（1872），长门与三门的后人王恒、王招、王三玉议和，将二门产业等事务管照。[1]

战争也是导致沁河工商业衰落的一个重要原因。工商业衰落又直接导致老宅院的破败。西文兴《重修祠堂碑记》记载：

> 自闯寇（当时对李自成农民起义的蔑称）作乱，房屋乱坏，老幼皆逃，敬先祖之堂，遂成狼狈矣。

与其命运相似的还有刘东星的故居。作者在当地考察时看到刘东星的故居在沁河西岸只剩下一串南北长的老院子了，其他的早在明末就被农民起义军王嘉胤一把火烧光了。在刘东星去世三十年后的明崇祯四年（1631），陕西农民起义军王嘉胤进犯沁水，听说坪上是前工部尚书刘东星的故里，猜想刘家一定藏有大量金银细软，于是大肆洗劫，掘地三尺，由于没有达到目的，一怒之下，几把大火，把刘家几座院落化为灰烬

已化为一片瓦砾的刘东星故居

[1] 政协山西省高平市委员会：《高平文史资料》（第八辑）《高平晋商史料》，2007年，第158页。

瓦砾！

阳城县拦车村在明清时期已形成商业格局，以经营骒马店为主。拦车村南北通直，街道两侧都是两层楼房，房屋店门高大，房深两丈四尺，专为开骒马店而设计，全盛时期骒马店有六七十家，每天喂牲口，留行人，卖小吃，吃夜宵，通夜不息。其次是铁器行及杂货、粮油、百货、医药、土产、烟酒、棉布、丝绸、文具、印染、酿造盐店、当铺等行业。当时北街的西店、东店、上孔院、下孔院，中衔的双店院、高升店、同顺店、东店院、西店院，南衔的上兴店、下兴店等生意兴隆，除本村经营的商行外，还有河南省的沁阳、博爱、济源、温县等地的人在此经商。[1]1938年，日军侵占晋城，实行经济封锁，拦车村日趋萧条，商业受到严重摧残。1942年，拦车村北街的张俊武、李升高，中街的李交田，南衔的邵兴发、冯俊礼等人先后在关帝庙开办了四个粮行，并设有饮食、小吃部、小百货等摊点，每天从早上的八点到下午的五点，顾客来往不绝，生意非常红火，但不久就被日军扼杀取消，从此拦车的商行纷纷倒闭。[2]

泽州南村镇裴圪塔村裴家先后在河南、运城、阳城、晋城等地拥有以"吉"字号命名的十三家企业，包括冶炼、铸造、油房、面粉加工等；城里街房店铺七十二处，乡村土地七百多亩，年收入达六十五万现洋。1916年，日本人来到晋城经商，大量收购生铁，裴家被骗罚几十万大洋，自此开始衰落。1925年裴绵龄去世，1930年蒋、冯、阎大战爆发，日商挤骗，裴家生意全部倒闭，再未复振。[3]

城南村地处高平城繁华闹区，百姓历来有经商的传统和习惯。自古以来，城南人利用得天独厚的地理优势，开设门店、商铺或肩挑货担从事商

[1]　《拦车村志》编纂委员会：《拦车村志》，山西古籍出版社2007年版，第59页。

[2]　《拦车村志》编纂委员会：《拦车村志》，山西古籍出版社2007年版，第59页。

[3]　《南村镇志》编纂委员会：《南村镇志》，山西古籍出版社1995年版，第114页。

业贸易活动。清朝末年，城南村顶元布店、大德恒丝行等商家资本足，生意兴隆。民国初期，城南村正街店铺林立，主要有增顺元布店、同顶元丝绸店、脂铺、大德恒丝行、祥泰恒丝行、祥庆和丝行、源泰龙杂货铺、同义和药店、同义成小百货店、万顺义丝行、乾龙义丝行、前行、后行、义顺昌丝行等。日本侵略军侵占高平期间，城南商业遭到破坏，市场萧条，大部分商家横遭日伪侵略军的敲诈勒索和掠抢，不得不停业关闭。[1]

缫丝业也是反映沁河流域工商业发展的一个晴雨表。渠绍淼先生在《山西与丝绸之路》一文中指出：

> 入明以后，晋商中出现了不少大的盐商和丝商。商业的昌盛，又转来刺激生产，省内出现了生产专门化的地区，如潞州的丝织业即是如此。当时在全国生产丝绸的专门化地区，有四川阆中和本省潞洲，潞丝和阆中丝在国外同享盛誉。……到清初，山西蚕丝的生产几遭灭顶之灾，只有长治、高平两县尚存织机不足两千，每年只能生产丝绸三千匹，与后来居上的江浙丝绸生产相比，确已微不足道了。[2]

清乾隆《高平县志》也记载了沁河流域丝绸业兴衰起伏的过程。

> 潞绸：明季，高平、长治、潞州衛三处，共有绸机一万三千余张。十年一派，造绸四千九百七十足，分为三运，九年解完。每匹价银四两九钱伍分零。以十分为率，长治分造六分二厘，高平分造三分八厘，各差官解部交纳。国朝自顺治四年为始，每岁派造绸三千足。彼时查机，两县止有一千八百张，潞

---

[1] 《城南村志》编纂委员会：《城南村志》，1997年版，第63页。

[2] 政协山西省高平市委员会：《高平文史资料》（第八辑）《高平晋商史料》，2007年，第52页。

州卫全无，价银仍与明同。机户不能支，在部堂陈诉苦累，又加工值银五两零，共足银十两之数。六年，遭姜壤之乱，机张烧毁，工匠杀掳，所余无机，两县机户复控馈按台刘公嗣关，九年三月，具题部议，减造一千五百二十疋零四丈八尺，每岁止造一千四百七十九疋零二丈。每疋又加银三两，前后共足银一十三两。十五年八月，工部议复，减造一千一百七十九疋零二丈，每岁止造三百疋。其一切起解杂费等项，俱系官为赔累。乾隆三十二年，知县虔将逃亡故绝织造绸绢械户姓名革除。新派号头捐俸加给工食，意在去故更活，舆情欢洽，诚为善举。第现在章程，未免偏枯，恐难永远，随时筹办，似当另图。[1]

以上资料表明，在明末清初，沁河地区缫丝业经历了一个萧条的过程，这次萧条亦与明末清初的战争有关，明末农民起义军几乎扫荡了整个沁河流域，当地大量堡寨就是在此背景下出现的，清顺治五年（1648），姜壤在大同宣布反清，山西各地纷起响应。清顺治十七年（1660），潞安丝织机户发生"焚机罢工"事件。直到到清代中期，缫丝业才有所恢复，但进入民国后由于受到机器织造的影响又衰落下来。

据《山西通志》载：

明代最兴盛时，长治、高平、潞州卫三处，共有丝织机一万三千张。清初长治、高平有一千八百张。顺治六年（1649）长治、高平二县仅有三百张。

清末出生的老者言传，清代中期村里织机甚多，处处梭声震耳。据有关史料显示，清末民初，村内仍有织丝机数张。据中共太岳区党委秘书室调查材料：高平丝织业分布二十个村，城南

---

[1] 乾隆《高平县志》卷九"贡篚"，清乾隆三十九年（1774）刻本影印，第23～25页。

北各十个村，城北十个村有围城、店上、冯庄、王降、石门、城北……此时，城北（今凤和）仅有织丝机数张，其中新式铁机两台，主要织机户是常有才、郭恭玉等。[1]

缫丝业的跌宕也影响着与此有关商贾的兴衰。以丝绸起家的高平河西镇牛村李家是清代乾嘉年间的商贾大户，据李氏后人李全瑞讲，其先祖在绥平、武汉等地经营丝绸生意。清末至民国年间，李家渐次衰落，生意倒闭，李氏后人李宝善已由东家变为伙计，在驻马店义庄刘姓东家丝绸店学贾经商。现存实物，有李家大院和李化南捐职布政司理问的圣旨。[2]

3. 自然灾害、人为因素等对老宅院的破坏

明清以来，沁河流域自然灾害频发，其中以水涝灾害最为严重。据《阳城县志》记载，20世纪前有记载的洪涝有二十五次，其中以明嘉靖三十五年（1556）与清乾隆十六年（1751）、光绪二十四年（1898）河水暴涨而造成的损失最为惨重。20世纪以来有洪涝记载的有1916年，那年芦苇河暴涨，冲毁园田。1917年秋，沁河水上涨，田地被冲毁。1929年7月，沁河水猛涨，房屋、田地被冲。1932年夏，芦苇河暴涨，冲毁沿岸田园。1934年夏，沁河水暴涨，沿河田舍尽毁。[3]《高平县志》记载，明清两代境内共发生大的水涝灾害十余次，其中明成化十八年（1482）六月县城发大水，城郭几为荡没。明正德十三年（1518）秋，丹河发大水，临丹河村庄数千间多损坏。明万历三十二年（1604）秋，唐安村遭遇暴雨，民房被淹。清顺治三年（1646）秋七月，唐安村河水决口，溺

[1] 《凤和志》编纂委员会：《凤和志》，天马出版有限公司2006年版，第54~55页。

[2] 山西省政协《晋商史料全览》编辑委员会：《晋商史料全览》家族人物卷，山西人民出版社2007年版，第265页。

[3] 《阳城县志》编纂委员会：《阳城县志》，海潮出版社1994年版，第85页。

死多人。清乾隆十六年（1751）闰五月，下大雨导致山洪暴发，东关等五村房舍人口被冲没。清乾隆十八年（1753），高平全境自七月十四日雨起，至十月初五日止，秋稼泡溺，年谷伤减二分。咸丰元年（1851）六月，大雨，河水溢。[1]

其次，地震灾害对老宅院造成的破坏性也很大。据地方史料显示，明嘉靖五年（1526）十月，地震，山陵皆动，百姓惊恐，相与抱持，伏于野不敢入屋。嘉靖三十四年（1555）十二月夜，大震有声，月数次，房屋倒塌，人畜死伤甚多。嘉靖三十五年（1556），正月二十三日地震，房屋倒塌，人畜伤亡。明万历十年（1582）二月，换马镇北山裂，山鸣凡三日，裂数丈，广尺余，裂时震动数十里。明万历十三年（1585）二月三日，自午至夜，地大震者三。万历三十年（1602年）五月，箭头村地裂，河水暴涨，村几漂没，村后平地忽裂大穴，水入其中，继而复合如故。明万历四十二年（1614）九月，地震，有声如雷。明崇祯十五年（1643），从六月初四起，地震数日。清顺治六年（1670），四月地震。清顺治八年（1651）六月，地震。清康熙三十四年（1695）四月六日，地震，旬日凡数次，城堞屋宇多倾坏。[2]清嘉庆二十年（1816）九月二十一日（10月23日）地震，县西更甚。清道光咸丰之交，皇龙山"山腹吼动，若巨雷，数日不绝，居人震恐"。[3]

此外，这一地区还频繁遭受旱、蝗、狼等灾害的侵袭。明洪武二十四年（1391），全县有人口十二万五千四百二十二人。永乐十年（1412），因旱灾疫疾，人口减至十万四千一百六十人。天顺六年（1462），"岁大饥，斗粟千钱，民易子而食，饿殍盈野"，人口大减。[4]蝗害以清同治元年（1862）为最。其时，飞蝗蔽天，官吏督促百姓捕捉，按斤付酬。清道

[1]　《高平县志》编委会：《高平县志》，中国地图出版社1992年版，第53页。

[2]　《高平县志》编委会：《高平县志》，中国地图出版社1992年版，第56页。

[3]　《阳城县志》编纂委员会：《阳城县志》，海潮出版社1994年版，第85页。

[4]　《阳城县志》编纂委员会：《阳城县志》，海潮出版社1994年版，第85页。

光十五年至二十一年（1835—1841），狼害甚巨，野狼白昼行走，进入家户食人，死者甚众。[1]各种灾害导致人口减少，经济衰落，老宅院内的大户人家也不能幸免。据《沁水县志》和西文兴《重修祠堂碑记》记载，自李自成农民军入沁后几年，野兽食人，瘟疫大作，蝗虫遍地……天灾人祸使西文兴遭受到了第一次大的破坏与衰落。西文兴柳氏大约是从咸丰初年（1851）开始，柳琳的儿子难以守护家业，始卖房产。经过光绪三年（1877）前后灾荒的打击，西文兴商事遂一蹶不振。据《沁水县志》记载，光绪三年（1877）大灾之后，全县灾民达八万余人，占当时全县人口的百分之八十。据土沃乡台亭村碑文记载，灾荒前，该村人口四百四十人，到光绪四年（1878）饿死三百二十人，只剩下一百二十人。此后，柳氏家族便由官变民，由富变穷，"饥饿子孙，皆不能谋其生，保其身，况吾盗墓会焉，能站立斯年，腐温堪，东川田地：山场大半典格……当时如蜩螗沸羹，千钧一发……斯种状态大约二十余年……"（摘自祠堂碑记）

除自然原因外，还有人为原因所导致的老宅院家产破败。

北常庄韩家，人称韩百万，是清代高平西半县有名的商贾大户。据现存资料和老人的回忆分析，韩家在清嘉道年间，韩承基、韩承志弟兄两人手中，是非常兴盛的，韩家的生意曾遍布河南、山东、安徽等地，从高平到山东、安徽沿路开设生意字号几十家，有丝绸、杂货、典当、盐务、糟房等。到清代末年，韩家后人有名香孩（其父名小肉）者，染食烟毒，致使韩家陷入贫困之中。不但偌大家产变卖一空，甚至连祖茔上的石料也卖给了韩家庄新兴起的商贾人家韩谦仁。上阁碑村碑文记载，柳氏后人柳小遂、柳小林（西文兴村）、柳小毛（铁芦村）、柳小会几人坐食山空，还染上抽大烟、不劳动的坏习惯，最后只能依靠拆房卖砖卖地盗墓生活。鸦片是近代山西社会的一大毒害，据笔者的研究，吸食鸦片的习惯最初在道光年间山西商人间开始盛行，道光十九年（1839）的一则上谕说"风闻

---

[1] 《阳城县志》编纂委员会：《阳城县志》，海潮出版社1994年版，第85页。

山西地方，沾染恶习，到处栽种罂粟。"最鼎盛时期，"山西几乎无县无之"，成了"著名的鸦片出产地，遍地皆植鸦片"。[1]清末民初，沁水吸食鸦片者平均每户要有一人。窦庄村一百二十六户人家，吸食鸦片的就有一百五十人之多。南大村六十三户人家，就有七十二人吸食鸦片。窦庄村有一户姓芦的，全家四口人，有几亩好地，房一座，由于吸上鸦片，又赌博，将房产田园卖尽，最后走上偷窃的邪路。还有曲堤村的一个姓王的中年人，本是身强力壮的好劳力，因吸食鸦片，把家业卖尽，三个儿子赶出门外，冬天老婆没裤穿，只好用被子围着，下不了炕。可见鸦片对人民毒害之深。[2]而商业富裕的地区往往是毒品泛滥严重的地区，据老人们讲，笔者的祖先在山东曹县经商发财后回祖籍修建了规模巨大的老宅院，当地人称苏家十八院，后面还有一个大花园，但在清末有人吸食鸦片，最后生意衰落，分家析产，由一家变为数家，大院也由此败落下来。

从1920年开始到抗日战争前夕，山西阎锡山政府颁布禁烟禁毒的政策，但地方政府实施"弛禁"，一边禁烟，一边出卖所谓"戒烟官药饼"，分甲、乙、丙三等，每包一市两，包面盖有"官制戒烟药饼"字样的图记，分派各县向各村推销。当时，沁水城关郑家骅挂起"戒烟药饼代售处"的招牌，大量销售，后由祥瑞亨经理吉兰亭经营。其他如端氏、中村、柿庄、王寨、土沃等村镇，均有鸦片代销点。戒烟药饼愈销愈畅，吸食的人越来越多。1930年，孙殿英队伍倒蒋失败，退驻沁水，从外地贩来大量"金丹"、"圪棒"派往各村销售，村公所又将"圪棒"强行派到花户，限期交款。直至1950年，中华人民共和国政务院发出"严禁鸦片烟毒"的通令，宣传动员老百姓一起禁种禁吸烟毒，自此之后，才逐渐根除。[3]

---

[1]　苏泽龙、郭夏云：《鸦片与近代开栅——兼论黑色经济背后的乡村社会》，载《山西高等学校社会科学学报》，2005年第1期。

[2]　《沁水县志》编纂委员会：《沁水县志》，山西人民出版社1987年版，第477页。

[3]　续文琴主编：《沁水县志》，方志出版社2006年版，第477页。

有关老宅院的衰落，可以细究出多种原因。清末民初，尹寨河环山堂祁家的生意江河日下，当地人的说法各有千秋，一是用人不当，使以老河口为中心的商业全部倒闭。二是人丁不旺，没有人才运筹环山堂的巨大资产。三是错投豪强，祁家有人投靠了当时在晋城很有声望的马骏，并和马骏母亲结拜了干姐妹。马骏命令手下人拆掉尹寨河环山堂的一大片院子，把砖瓦、木石运到城里，修建了教堂和学校，祁家戏班子也交给了马骏的舅父张登瀛掌管，从此，祁家家业更加衰败。四是乱信风水，修建陵墓工程大，十分豪华，随葬品也十分奢侈。抗日战争爆发后，尹寨河环山堂祁家沦落到了卖家产维持生计的境地。1943年，晋城爆发大灾荒，先是旱灾、后是蝗灾、蝗虫遮天蔽日，草木树叶不存，接踵而来的是土匪抢劫、官匪摊派、日军的"三光"政策。这时，尹寨河环山堂祁家已经完全破败。[1]

在经历土地革命后，老宅院被分给当地无房或少房的农民。1942年，在沁南县抗日政府领导下，打土豪、分田地，西文兴村的世袭柳府始变为民宅，故称为柳氏民居。郭峪城窑在民国年间范月亭任村长时，曾进行过较大规模的维修，土地改革时，城窑分给了村民个人。之后，村民建房、搞公共建筑，常拆用城窑城墙砖石，郭峪城遭到严重破坏。[2]1945年6月高平解放以后，县委派工作队进驻城东村，村农会对全村各阶层的土地占有、房屋财产等做了详细调查摸底，广大农民分得一百八十四间房屋，其中六十六间归公。[3]高平城南村也同时进行土地改革，全村共房屋二百九有十四间房屋划归广大贫下中农。[4]新中国成立后，北尹寨村进行了如火如荼的土地改革运动，尹寨河环山堂的土地、房产以及一些楠木做的床、柜、箱、屏风等物品，被分给二十户新的主人。高平赵家发迹之早、历时之

[1] 山西省政协《晋商史料全览》编辑委员会：《晋商史料全览》家族人物卷，山西人民出版社2007年版，第288页。

[2] 焦作黄河河务局：《沁河志》，黄河水利出版社2009年版，第311页。

[3] 《城东村志》编纂委员会：《城东村志》，1996年版，第20页。

[4] 《城南村志》编纂委员会：《城南村志》，1997年版，第29页。

久、经营范围之广，曾在豫、皖、苏等省工商界有很大的影响。直到民国初年，由于赵家人气不盛和社会动荡才走向衰落。而作为其光宗耀祖、显赫世家标志的老南院也于土改时致易主人。老南院以院院相通、楼楼相连而出名，新中国成立后，被分给了当地的穷苦百姓，院落相通的地方自然被堵上了，已不具有完整性。

东方红院

　　时至今日，一些老宅院虽然还存在，但多已残缺，令人惋惜。尹寨河环山堂的建设始于清康熙年间，大兴土木在雍正、乾隆年间，一直持续到光绪初年，其间没有间断过。庄院里不仅悬挂有清朝大臣曾国藩书写的金字大匾"恩泽普济"，更有嘉庆、道光两位皇帝封赐的诏书碑刻。可惜在20世纪60年代建设水库时被拆迁，如今已不复存在。赵家老南院的正门建在整个大院的正南方向，门楼为上、下两层楼阁式建筑，门洞上方有一个木制大匾额，原刻有"德开天地"四个大字，但"文化大革命"中已被人用墨汁改为了"东方红院"。院落的门楼建在半米高的石质台基上，由两根石柱支撑起上方的屋檐，两雕花柱础的八个面刻有民间俗知的"中八洞"神仙，石柱上方并排着三组雕花斗拱，两柱间的木枋仍然可见残余的彩绘和精美的木雕，这些地方原来都有雕花，"文化大革

侍郎府麒麟凤凰砖雕残壁

命"时遭到了破坏。

蟠龙寨现存侍郎府、东西宅、佛堂、书房院、管家院等院落。侍郎府是蟠龙寨最重要的建筑,一进三院,高门大户,双狮雄立,五门相照。进门迎面是巨大的麒麟凤凰砖雕照壁,四周围绕祥云海浪、珍禽瑞兽、奇花异草等吉祥图案,轻轻抹去浮尘,精雕细刻顿时栩栩如生。遗憾的是,麒麟浮雕已被破坏。

晋城学者姚剑记录了皇城村康熙帝亲笔题写的"午亭山村"匾额的当代史:

> 1983年,我第一次到黄城村,那时不叫皇城村。那通康熙亲书的'午亭山村'碑就是猪圈的一面墙。我对同行的阳城县北留镇镇长杨锦维说,此碑乃大清御碑,与猪为伴,委实可惜,幸而是在现代,要在百年前,多少个头颅也不够砍。杨锦维先生起初并不在意,我说如果你们不要,我愿意出一百元买下。杨锦维先生看我如此执着,意识到此碑的价值,随后派人把碑拉回镇政府,放在院子里,风吹日晒,没有人问津。后来,镇政府翻修食堂,施工队随手把这块碑垫在案板下面。到了上世纪九十年代末期,旅游热起,黄城村改为皇城村,村里投巨资整修,这才想起那通御碑找不到了。[1]

高辉在《泽州:"针都"大阳古朴老街难敌岁月蚕食》中也记载说:

> 大阳渠头村有"金渠头,七十二道栅八十二道阁,有衣不到渠头夸,渠头的大户金砖铺地"。七十二阁将渠头村分为七十二个区,晚上阁门紧闭,是用来防盗的。"文革"期间,

---

[1] 姚剑:《皇城相府与康熙御碑》,载《山西晚报》,2012年5月10日。

大多被毁，只剩下了现在的3个阁。村里原来有文庙，规模最大，庙前有一石碑，名曰"通天插地"碑，均毁于"文革"时期。村里只有三观庙、关帝庙、祖师庙、山宗岭庙和王爷庙等还算保存完好。[1]

---

[1] 高辉：《泽州："针都"大阳古朴老街难敌岁月蚕食》，载《三晋都市报》，2009年5月28日。

五、余思：记住乡愁

在本书即将完稿的时刻，我带着学生到沁河流域去拍摄书稿中所需要的老宅院的照片，因时间紧张，我在各章节完成后就已开始白描本书的结语部分，匆匆地写下对沁河青山绿水的思考，对笔中老宅院的感悟。但这一趟实地考察回来后，却对老宅院有一番颇似于乡愁的感受。每个人都有可能离开故乡去工作、去远行，尤其是在现代社会发达的今天，在新事物、新建筑不断充斥故乡的同时，故乡的一宅一院、一草一木也有可能离我们远去，所以，离乡的人有对故土眷恋的离乡之愁，在乡的人有对故土热恋的在乡之愁，老人有老人的乡愁，年轻人有年轻人的乡愁，丰富多彩的乡愁是大家维系在根祖世界的共同回忆。

在我们驾车到达考察的第一个村高平伯方村走进毕氏老宅院时，与村里热情指路的乡亲们不同，住在老院中的赵大娘毫不客气地问我们是做什么的，我们亮明身份，说清来意，老大娘搬开门口用砖围起的两个水泥墩子说，门柱下原来雕饰有四面狮子的两个石础在十天前的一个夜里刚被人偷走，虽然不是毕氏的后裔，但她对失窃的门柱石础耿耿于怀，不过石制门柱和上面的木刻装饰都在。我们看着新砌起还未完全干透的水泥墩子，和老人一起猜测盗贼是用什么设备和技术偷走石础的，想象着原来石础的精美。应该说被盗走的两个狮子石础与高高昂起的龙凤木雕大门额头是一种精致的搭配，是留存不多的毕氏老宅的精华所在，从赵大娘的惋惜、失责中我们看到的是流失的乡愁。

在几天走村串巷的过程中，与许多老人不期而遇，他们会热心地带路并给我们讲述许多老宅院的故事，这些故事好像是镌刻在村落中的历史，又好似他们的经历，听得人悦耳入心。与许多乡下老人年纪相仿的是我的父亲、母亲，他们出生在距离沁河直线距离不超过二十里地的一个村的两个老院中，苏姓与袁姓是村中的两个大家族，以前闲暇时也常常听他们唠叨老家事情，不过多是听听而已，从未留心在意。在我想对沁河流域老宅院中的生活详尽了解的时候，我父母的口述成为我研究老宅院的重要素材，他们是在老宅院中长大的，老宅院中的回忆成为两位年近八十岁老人最乐意的事情，虽然好多记忆是杂七杂八、十分零碎的，但总觉得他们有许许多多讲不完的故事，在故事中有人有物，有情有景，让人体会到老宅院是不断变换的历史剧场。尽管父亲、母亲已离开故乡六十余年，但这些场景却是离不开的乡愁，是他们永恒的记忆。

因为小时候经常和父母回去省亲，所以老宅院是我年少时的一份独特记忆。上大学后开始学习历史专业，受专业影响，总希望能够找到一些关于我的历史记忆。环顾四周，在已经看惯的城市里的钢筋水泥中实在找不出一点历史的味道。但每次回老家的记忆却是深刻的，尤其是冬日中暖暖的火炕和清早时老院开门吱扭的声响，永远记不住进屋时要迈的门槛，和在大院中一起吃饭的情景与那令人恐怖却又不得不去的茅厕……但由于习惯于城市的生活，每每想起这些来，却发现曾经的经历与现实生活距离很远，因此年少时的记忆一次一次被搁起。后来考上研究生后，在导师"走向田野与社会"学术理念的敦促下，走到各处农村去找资料，与许许多多不曾相识的老乡们做访谈后，那根植在内心深处的"乡愁"有了一种重新被唤醒的感觉，对我来讲乡愁犹如一份相约。

我如期而至回到了老宅院中。

2003年7月，我利用陪父母回乡省亲的时间去村里发掘档案资料，虽无收获，但在周围的村庄却看到了几处老宅院，大院原有的规模和它的破旧震撼人心，一种想将它们留下来的意识强烈地冲击着我，我重新审视老家的大院并用摄像机记录下它的全貌，还与父亲努力去寻找镶嵌在苏家祠堂墙上那通记录了举家族之合力从天主教会赎回祠堂的碑刻。但遗憾的是，没过几年，祠堂便被拆毁，盖了邻近某中学的教师宿舍楼，在我的乡愁中又增加了一份惋惜。

之后，在去各地村庄考察的过程中，每每看到黄土地上留存的老宅院，总有一种解读历史的冲动，在中国几千年的农耕文明中，像沁河流域这样的老宅院众多，老宅院中遗存的匾额、对联、碑文等一木一石都是传统文化重要的载体，它们如同社会的基因一般，记录着人们的生产、生活方式，同时老宅院中的婚丧嫁娶、饮食习惯等民风民俗信仰，不但具有较高的历史、文化、艺术、社会价值，而且是传统社会习俗延续的生命。

　　2013年，《三晋都市报》的记者拿着我关于碛口古镇的研究论文，对我进行采访。[1]我给她讲碛口至今还保留有一天吃两顿饭的生活习惯，因为这习惯可以追溯到宋朝，经过明清商业改造后的碛口，仍存在着农耕文化，所以碛口被称为古镇名副其实。在她的表情中我看到了年轻人惊讶的乡愁。有一次我带学生在耕地已经消失的某村庄考察时，看着农民种植在花盆中的蔬菜，我给学生讲，这是农民的土地情结，是混合着泥土味道的乡愁，别人是品不来这种蔬菜的美味的。"留心观察，以小见大"是我多年来学习历史的重要习惯，所以，乡愁还有我研究的细节、学术的思维。

　　在走马观花看老宅院的同时，我和学生经常会感受到当地淳朴的民风，尽管在伯方村的第一步多少有些令人尴尬，但其后的十几个村中的拍摄工作还是让我紧张的心理大大放松，在每个村中都有敞开的宅院大门随时欢迎我们进入，院中主人对两个陌生人的到访从未有过拒绝，而且还主动提供很多的方便。在屯城村，我想看张家书房院的一副石对联，一位大姊翻过土墙为我们引路。在陟椒村路遇的一位大娘热情地要为我们准备中午饭，要不是因为天空飘下雪花，担心山路湿滑行车不便，我们还真想在大娘家吃一顿地道的农家饭。在良户古村，我们边吃农家饭边听户主人给我们讲他的个人历史，饭后他便给我们当起了导游。几乎每一个村我们都会遇到热情的老乡。然而，在急剧的农村社会变迁过程中，大多数老宅院却人去屋空，日渐坍塌。一座座上了锁的空院子，不知道以后的命运又会如何？即使在有人居住的宅院，也大多只是剩下一些孤独老人，他们在岁月沧桑中默默地守望着那份在时间中流逝的乡愁。

　　在这趟考察活动中，学生和我一样，时刻不停地拍照，与老乡交谈。作为一位九〇后，他对乡村文化的敏感度大大超出我的预料，在去之前，我也只是简单地告知他要做的工作，没想到他对老宅院的兴致如此之大。所以，我特地要求这位九〇后的年轻人来谈一点考察的体会，以下是他的

---

　　[1] 《临县碛口：眼里是九曲黄河，脚下是千年古渡》，载《三晋都市报》，2013年7月27日。

一些体会：

在内心深处总珍藏着浓厚的恋乡情结，渴望着回归于那一步一段悠久历史的乡村，漫步于仍然保持着"活的文化景观"、充满着"历史的真实"乡村之间。乡村承载了历史变迁和岁月沧桑，也是祖辈们精神世界的载体。行走在村庄里，看到一幢老房子或者一棵古树，我都会不由自主地停下前行的脚步，在其周围徘徊良久，用深情的目光去阅读历经多年风雨剥蚀的沧桑中所蕴含的那份从容，去参悟这份沧桑中所蕴含的深刻的历史信息。感受着那有着千年历史的古老村庄，那深沉而古老的街道，那座座透着沧桑气息的老宅子，那幽静而古朴的胡同，那缕缕袅袅升腾的炊烟，凝视着雕有惟妙惟肖复杂之纹饰的砖雕照壁与檐下梁枋精巧细致的木雕雀替。

归于乡村，解一缕乡愁。吃一口地道的家乡饭，喝一口天然的家乡水，听一句亲切的家乡话，看一眼乡村里的风景。慢慢地，那流淌在灵魂里的东西会随时间发酵成醇厚的思念。[1]

中国人灵魂中有一种文化自觉，乡愁就是对文化的感知。我希望几年后学生可以学有所成，用心去感知历史，使历史成为生活中重要的部分。

在高平市良户村考察时，我们与太原市晋源区牛东全区长和良户文化旅游开发公司杨建新总经理不期而遇，牛区长一行人是来考察美丽乡村建设的，在后来与牛区长几次深入交流后，了解到牛区长是农业专家，正在为破解城郊地带的农业发展探索一条有效路径，牛区长认为农业不仅生产粮食，而且可以勾勒出一幅画面，随着时间的流逝，这幅当作生产的图景就成为美丽的乡愁。杨总热情地为我们打开了他的民居雕刻收藏博物馆并

---

[1] 张大伟，山西大学历史文化学院硕士研究生。

带我们参观侍郎府，告诉我们他一年中大多数时间都在这里度过。虽是初次见面，但杨总托底介绍了自己的身份，他当过兵，下过乡，做过工，恢复高考后上了山西大学，在乡镇党委、县委、市委、省委组织部及海南等地都工作过，后来自己创办企业做了老板。因钟情于良户的老宅院和民间文化，成立了良户文化旅游开发公司。良户古村现在不仅比较完整地保留了庙宇、民居建筑，古风古韵，而且至今较为完整地传承了街道士、出旗山、擎神会、百子桥、送鬼王、晒龙王、散路灯、迎神赛社等许多独特的民俗和民间文化。与杨总交流时间虽短，但话语却非常投机，在回来的路上我一直在想，一个经历如此丰富的人最终还是离不开他的乡愁情结。

出于习惯，我经常会以职业的视角去关注村落历史文化，家中茶余饭后的话题也常常围绕乡间的民风民俗。我给女儿讲过日出而作、日落而息的农耕生活，讲过社火、庙会、祭祀等风俗，还讲过农村老树下的饭场、田间的耕牛、老宅院中的静谧，以及时不时传来的鸡鸣犬吠之声……

从女儿的眼中，我看到的乡愁是一份憧憬……

参考文献

一、地方志、资料

1.万历《泽州府志》。

2.康熙《山西通志》。

3.康熙《阳城县志》。

4.乾隆《阳城县志》。

5.《清高宗实录》，乾隆二十九年六月甲申。

6.清·杨齐三修，杨宋卿增补：山西柳林《杨氏家谱》。

7.石荣嶂纂：《山西风土记》。

8.姚学甲等：乾隆《潞安府志》，台北成文出版社1983年版。

9.山西省阳城教育志编纂组：《阳城教育志（1840—1985）》1987年版，未刊行。

10.《沁水县志》编纂办公室：《沁水县志》，山西人民出版社1987年版。

11.晋城市民间文学集成编委会：《晋城市民间故事集成》1989年版，未刊行。

12.缪荃孙等编撰：《江苏省通志稿·大事志》，江苏古籍出版社1991年版。

13.《高平县志》编委会：《高平县志》，中国地图出版社1992年版。

14.阳城县地名办公室：《阳城地名志》1992年版，未刊行。

15.《阳城县志》，海潮出版社1994年版。

16.栗守田主编：《上伏村志》1995年版，未刊行。

17.晋城市地方志丛书编委会：《晋城金石志》，海潮出版社1995年版。

18.《南山村志》编纂委员会：《南山村志》1996年版，未刊行。

19.侯生哲、卢文祥主编：《巴公镇志》1998年版，未刊行。

20.清·朱樟：《泽州府志》，山西古籍出版社2001年版。

21.《下孔村志》编纂委员会编：《下孔村志》，世界华人艺术出版社2001年版。

22.田同旭、马艳主编：《沁水历代文存》，山西人民出版社2005年版。

23.山西省地方志编纂委员会编：《山西旧志二种》，中华书局2006年版。

24.《凤和志》编纂委员会：《凤和志》，天马出版有限公司2006年版。

25.政协山西省高平市委员会编：《高平文史资料》。

26.许政忠、张春和：《长畛村志》2007年版，未刊行。

27.田同旭、马艳主编：《沁水县志三种》，山西人民出版社2009年版。

28.王广平、范永星主编：《文化马村》2010年版，未刊行。

29.《沁水县志逸稿》整理委员会：《沁水县志逸稿》，山西人民出版社2010年版。

30.燕小揪主编：《南安阳村志》，山西人民出版社2014年版。

二、古籍

1.《黄帝宅经》。

2.《营造法式》。

3.明·沈思孝：《晋录》，商务印书馆1936年版。

4.清·杨念先撰：《山西省阳城县乡土志》民国二十三年（1934）铅

印本，台北成文出版社，1968年影印。

5.明·顾炎武：《肇域志》，上海古籍出版社2004年版。

6.《清圣祖御制诗文一集》，山西大学图书馆藏书。

三、相关论著

1.彭泽益：《中国近代手工业史资料（1840—1849）》，三联书店1957年版。

2.乔志强：《山西制铁史》，山西人民出版社1978年版。

3.张家骥：《中国造园论》，山西人民出版社1991年版。

4.北京市文物研究所：《中国古代建筑词典》，中国书店1992年版。

5.徐远和：《儒学与东方文化》，人民出版社1994年版。

6.乔润令：《山西民俗与山西人》，中国城市出版社1995年版。

7.殷理田、王守信主编：《晋城百科全书》，奥林匹克出版社，1995年版。

9.王鲁民：《中国古典建筑文化探源》，同济大学出版社1997年版。

10.乔志强、行龙：《近代华北农村社会变迁》，人民出版社1998年版。

11.颜纪臣：《中国传统民居与文化》，山西科学技术出版社1999年版。

12.王振：《中国建筑的文化历程》，上海人民出版社2000年版。

13.潘谷西：《中国建筑史》，中国建筑工业出版社2001年版。

14.罗哲文、王振复：《中国建筑文化大观》，北京大学出版社2001年版。

15.楼庆西、李秋香：《西文兴村》，河北教育出版社2003年版。

16.[美]吉尔伯特·罗兹曼：《中国现代化》，江苏人民出版社2003年版。

17.江荣先、柏冬友：《中国民间故宫——王家大院》，中国建筑工业出版社2004年版。

18.王树村：《中国民间美术史》，岭南美术出版社2004年版。

19.孙大章：《中国民居研究》，中国建筑工业出版社2004年版。

20.王良、潘保安主编：《柳氏民居与柳宗元》，中国文联出版社2004年版。

21.潘小蒲：《马总兵传奇》，大众文艺出版社2004年版。

22.王瑛：《中国吉祥图案大全》，天津教育出版社2005年版。

23.王欣欣：《山西历代进士题名录》，山西教育出版社2005年版。

24.洛阳市文物管理局、洛阳民俗博物馆编：《潞泽公馆与洛阳民俗文化》，中州古籍出版社2005年版。

25.杨平：《人文晋城》，中国旅游出版社2006年版。

26.颜纪臣：《山西传统民居》，中国建筑工业出版社2006年版。

27.梁思成：《中国建筑二十讲》，线装书局2006年版。

28.楼庆西：《乡土建筑装饰艺术》，中国建筑工业出版社2006年版。

29.王建华：《三晋古建筑装饰图典》，上海文艺出版社2006年版。

30.山西省政协《晋商史料全览》编辑委员会：《晋商史料全览》宅院卷，山西人民出版社2007年版。

31.山西省政协《晋商史料全览》编辑委员会：《晋商史料全览》家族人物卷，山西人民出版社2007年版。

32.山西省政协《晋商史料全览》编辑委员会：《晋商史料全览》商镇卷，山西人民出版社2007年版。

33.乌丙安主编：《中国民间神谱》，辽宁人民出版社2007年版。

34.山西省建设厅：《山西古村镇》，中国建筑工业出版社，2007年版。

35.薛林平、刘烨等：《上庄古村》，中国建筑工业出版社2009年版。

36.侯晋林、续文琴著：《沁水百科全书》，山西人民出版社2009年版。

37.王金平、于丽萍、王建华、韩卫成：《良户古村》，中国建筑工业出版社2013年版。

四、论文

1.王金平：《山西民居的装饰及其象征性表达》，载《科技情报开发与经济》，2000年第5期。

2.庞卓赟：《浅议山西民居的建筑装饰艺术》，载《沧桑》，2004年第6期。

3.朱向东、王思萌：《山西民居分类初探》，载《科技情报开发与经济》，2004年第9期。

4.关庆华：《浅谈窑洞民居》，载《山西建筑》，2004年第18期。

5.张广善：《沁河流域的古堡寨》载《文物世界》，2005年第1期。

6.薛林平：《山西民居中的墀头装饰艺术》，载《装饰》，2008第5期。

7.黄艳：《浅谈当代建筑装饰活动在中国的历史沿革》，载《山西建筑》，2008年第10期。

8.张俊伟、梁涛：《浅谈山西传统民居》，载《大众文艺》，2009年第24期。

9.杨志勇、王葆华：《浅议晋商民居室内空间分隔手法》，载《浙江建筑》，2010年第3期。

10.张广善：《晋城民居中的文化资本探源》，载《中国名城》，2010年第8期。

11.薛林平、刘思齐、刘冬贺：《沁河中游传统聚落空间格局研究》，载《中国名城》，2010年第10期。

12.郭夏云、苏泽龙：《罂粟种植与清末山西农民生计问题》，载《社会科学战线》，2011年第12期。

后　记

　　此书虽然完稿，但关于沁河老宅院的记忆却在我流淌的血液中延续。我的家乡在沁河流域，距离本书中所提及的大阳、端氏、良户等村镇都不远，祖宅是沁河流域数不清的老宅院中的一座，小时候就经常听长辈和族亲们讲述关于老宅院的故事。我祖上家产规模庞大，有十八个院，后面还有一个大花园（现仅存七个院），有文字记载的祖先可追溯至明朝嘉靖年间的一位进士，后几辈祖先大多经商，主要是在山东曹县做当铺生意，家中的老宅院是在清朝初年建起的，在民国初年家道中落，当时分家析产时本着"分房不分地"的原则，我爷爷的爷爷分得大院中的厅房院。遗憾的是，家谱在"文化大革命"时烧毁，能佐证家族历史的只有现存的这座老宅院了。

　　感谢导师行龙教授给了我这次机会，让我又重新回到老宅院中品味家乡的历史，同时与年迈的父母回忆了他们在大宅院中的生活。我在书中屡屡提到老人们的回忆，就是来自于他们的记忆。父母也想借此机会，感谢导师多年来给予我的悉心培养！从硕士到博士，从学生到教师，感谢导师十几年来孜孜不倦的教诲！

　　感谢刘润民师兄，当他得知我研究沁河老宅院，特地为我提供了参考书，使我的研究受益匪浅。多年来他一直对我的学习和工作非常关心，在此我向他致以深深的谢意！

　　感谢山西省图书馆的李齐增主任，每当需要找资料时，李主任总是热情相助，和他的交流也让我感到非常愉快！

　　我的研究生张大伟跟我长途奔波，行程两千余公里，走崎岖的山路造访沁河周边的十几个村庄，路途中的劳顿与辛苦非常人所能接受。王蓉同学在资料收集工作方面也给予了诸多帮助，一并感谢！

感谢许许多多不知名老乡们的热情相助！

感谢爱人和孩子的支持，无论是从硕士到博士的学习，还是日常工作或在外调查，每时每刻都有她们的鼎力相助，这项研究也是全家的成果！